冷酷智叟

迷你雪纳瑞犬

顾问　谢典琦
主编　王　晓

陕西科学技术出版社

图书在版编目（CIP）数据

迷你雪纳瑞犬/王晓主编．—西安：陕西科学技术出版社，2008.10（2009.4重印）
ISBN 978-7-5369-4358-2

Ⅰ．迷… Ⅱ．王… Ⅲ．犬—驯养 Ⅳ．S829.2

中国版本图书馆 CIP 数据核字（2008）第 051136 号

内容简介

这本《迷你雪纳瑞犬》单犬种全彩专辑汇集了各迷你雪纳瑞犬俱乐部（协会）的研究成果及资料文献，汇集了国内外著名专业犬舍的饲养管理实践经验，从迷你雪纳瑞犬的起源发展、犬种标准、评审图解、赛场展示、选购饲养、训练管理、选种繁育等方面进行了详细介绍，并配以大量高质量的图片予以对照说明，知识专业、内容丰富、通俗易懂，极具实用性、科学性及欣赏性。

出版者	陕西科学技术出版社
	西安北大街 131 号　邮编 710003
	电话(029)87211894　传真(029)87218236
	http://www.snstp.com
发行者	陕西科学技术出版社
	电话(029)87212206　87260001
印　刷	陕西金和印务有限公司
规　格	880mm×1230mm　大 32 开本
印　张	4
字　数	115 千字
版　次	2008 年 10 月第 1 版
	2009 年 4 月第 3 次印刷
定　价	25.00 元

冷酷智叟——迷你雪纳瑞犬

雪纳瑞犬有三种体型，在 AKC 犬种分类中分属三个不同的犬种。而迷你雪纳瑞犬则是三个品种最有名的一种，也是当今最为流行的犬种之一。迷你雪纳瑞犬体型娇小，结构方正，刚硬的被毛、深邃的眼睛、前伸的眉毛、长长的胡须，整体形象像一个既很酷又很睿智的小老头，充满着夸张的喜剧感。

迷你雪纳瑞犬气质独特，是个性十足的犬种。它的体型虽小，但却不显得娇气。它的外形线条刚直，轮廓分明，极具雕塑感，给人以阳刚之美。断了尾巴和裁耳后的迷你雪纳瑞犬，尾根竖立，耳朵直立，又给人"精干""机警"的形象感觉。

迷你雪纳瑞犬的个性也正如其外形表现一样，它聪颖、坚毅、果敢、充满活力。迷你雪纳瑞犬最早出现于 19 世纪末期，当时繁殖这一品种的目的就是为了捕捉田鼠，直至今日它仍然没有忘记当时的职责，家里如果有一丝异常的响动都可能引起它相当激烈的反应，时常也干出一些"狗拿耗子——多管闲事儿"的事出来。

迷你雪纳瑞犬不但非常警惕，而且非常勇敢，因此它作为家庭守护犬并不比有些大型犬差。对于进入院落的陌生人，它反应敏捷，会快速的跟踪追逐，并高昂着头朝着可疑之处大声吠叫，既给予"敌人"威吓，又及时提示主人情况紧急。它好胜心强，会非常执著的面对每次激烈的争斗，直至精疲力竭取得最后的胜利。迷你雪纳瑞犬这些天赋的技能及顽强的斗志，使得它能赶走任何进入院内的不法之徒。

迷你雪纳瑞犬有着较高的智商，它的思维敏锐，这让它的训练变得更为容易，尤其是服从类训练，它不会花费主人太多的时间，只要你耐心的教它几次，它就明白了。迷你雪纳瑞犬对主人也很忠心，它会成天的缠在你的身边，陪你玩耍，像小丑样做出一些滑稽的动作，引来你阵阵笑声。

　　迷你雪纳瑞犬虽然长得像个老头儿，但它却并不像外表看上去那样沉稳，它精力非常充沛，要想把它安静的留在某个地方，不要跑得太远，这几乎是不太可能的事。它总喜欢翻来捣去，搞得自己像个探索家似的。这种狗由于太过活跃，对于喜欢安静、悠闲的老年人来说，可能不太适合。但是，对于崇尚自由、运动的年青人来说，这种狗就太合适不过了。现在迷你雪纳瑞犬已成为了时尚、前卫、活力的代名词了。

　　迷你雪纳瑞犬能受到人们的追捧，这与它标新立异的外形、坚毅忠诚的品格、活力十足的个性是分不开的；这与一代又一代迷你雪纳瑞犬的专业繁育者的不断研究、探索、推广是分不开的。

　　在专业领域中，迷你雪纳瑞犬的赛场美容、比赛犬的日常管理、被毛的处理以及繁殖上的血系如何搭配，这些一直都是世界各地迷你雪纳瑞犬繁殖者终身研究的课题。

　　为了能给迷你雪纳瑞犬爱好者们一些专业上的指导，我们特地出版了这本《迷你雪纳瑞犬》专辑。这本新书会给众多迷你雪纳瑞犬的支持者更新、更专业的知识，书中能学到有关迷你雪纳瑞犬的繁殖、美容、比赛等方面的管理细节；书中大量的对比、操作图片，会让大家受益匪浅。

　　拜师学艺是学习技能最快捷的方式，这本书会是迷你雪纳瑞犬FANS们最好的工具书。希望日后国内迷你雪纳瑞犬的发展日渐昌盛，希望国际的比赛上能看到更多的国内迷你雪纳瑞犬的繁殖者的身影。怀抱理想，一路坚定的走下去，这才是提升国内迷你雪纳瑞犬水平最正确的道路！

大瑞可犬舍　谢典琦
2008年初秋于北京作序

目　录

迷你雪纳瑞犬的起源和发展
迷你雪纳瑞犬的魅力 002
㹴犬的起源与功用 003
迷你雪纳瑞犬的起源与发展 005
迷你雪纳瑞犬的故事 008

迷你雪纳瑞犬犬种标准
整体外貌 010
大小、比例和结构 011
头部 011
颈部、背线和躯干 012

后躯 013
被毛 013
颜色 014
步态 016
性情 016
失格条件 016

迷你雪纳瑞犬评审图解
部位名称图解 018
结构比例评审图解 018
眼睛评审图解 019

耳朵评审图解 019
头部评审图解 020
咬合评审图解 020
颈部评审图解 020
躯干评审图解 021
背线评审图解 021
前肢评审图解 021
后肢评审图解 021
前躯评审图解 022
后躯评审图解 022
被毛评审图解 022
步态评审图解 022

迷你雪纳瑞犬的参展
犬展的类型 024
犬展的分组方法 026
参展犬的基本资格 027

裁判审查方法 028
参展前的准备 029
   参展前进行修饰 029
   备好相关物品 029
   赛前注意事项 030
赛前的必要训练 031
   定姿训练 031
   步伐训练 032
赛场牵犬技巧 033
   定姿技巧 033
   I 字形牵犬技巧 034
   三角形牵犬技巧 034
   方形牵犬技巧 035
指导手的工作内容 035
指导手的赛场礼仪 036
指导手的着装 037
获得全场总冠军的要素 038

迷你雪纳瑞犬的选购

注意血统纯正 042
进行健康检查 043
对感官的测试 044
六项行为测试 044
购买时须注意的问题 047
　观察环境 047
　了解犬吃的食物 047
　疫苗注射情况 047
　了解繁殖者的基本状况 048
三种不同体型雪纳瑞犬的区别 049

迷你雪纳瑞犬的成长管理

初入家门的管理 052
　准备好用具 052
　刚进门的特殊照料 053
　替狗狗取一个亲切的名字 054
　初期的疾病预防 054
迷你雪纳瑞犬的四季管理 055
　春季管理要点 055
　夏季管理要点 055
　秋季管理要点 056
　冬季管理要点 056
迷你雪纳瑞犬的营养标准 058
迷你雪纳瑞犬的喂食技巧 059
2个月大幼犬的健康护理 060
3个月大幼犬的健康护理 062
4个月大幼犬的健康护理 063
5~7个月大的健康护理 064
7~18个月大的健康管理 065

　注意饮食，创造优美的体形 068
　妥善运用狗食 068
老年狗七八岁以上的健康护理 070

迷你雪纳瑞犬的训练

训练的基本方法 074
训练的注意事项 075
服从科目训练 077
　随行训练 077
　前来训练 077
　站立训练 078
　坐下训练 078
　衔取训练 079
跨越障碍训练 080
　跳跃栅栏架 080
　跨越长跳板 081
　跳跃小板墙 082
　穿越管道训练 082
　其他障碍训练 083

迷你雪纳瑞犬的繁殖

繁殖方法 100
近亲繁殖法 100
系统繁殖法 100
异系繁殖法 101

迷你雪纳瑞犬的选种 102
选择血统相配的种犬 102
迷你雪纳瑞犬的选种秘诀 103
选种要预防情绪遗传病 104

发情 105
发情的周期 105
发情征候 105
异常发情 106
发情期的注意事项 106

交配 107
交配适期 107
交配过程 108

怀孕 109
怀孕的过程及判断 109
怀孕犬的管理 110

生产 111
产前准备 111
生产的征兆及过程 111
生产的间隔 113
人工助产 113

难产及异常生产的处置 115
产后的管理 116

优秀迷你雪纳瑞犬鉴赏 119

迷你雪纳瑞犬的美容

梳理被毛 086
清洁牙齿 086
修剪趾甲 087
清洁耳朵 088
正确的洗澡 090
洗澡后的吹干 091
宠物犬的修剪与美容 093
赛级犬的拔毛与修剪 094

拔毛 094
赛前修剪 096
赛犬的头部造型 098

迷你雪纳瑞犬的起源和发展

雪纳瑞犬它分标准型、大型、迷你型三种体型,是三个独立的犬种。迷你雪纳瑞犬起源于德国,它是在标准雪纳瑞犬基础上发展改良出来的一个新品种。

迷你雪纳瑞犬的魅力

迷你雪纳瑞犬因其特立独行的个性和酷酷外形而受到人们追捧,迷你雪纳瑞犬主常常到昂贵的精品店买各种手饰或手工精制的纯毛衣给狗狗穿戴。因此,迷你雪纳瑞犬经常被指控为穿金戴银的奢侈狗,人们也常因此议论纷纷:迷你雪纳瑞犬只是有钱人在炫耀财富的行为。其实迷你雪纳瑞犬不应该受到这种谴责,因为它们什么都没有做,只是人们太爱它们了。

这种"迷你雪纳瑞犬谴责"之所以常常听见,完全是因为它真的是很贴心的做伴犬,它和人类做伴的历史至少已有500年。杜瑞尔早在1490年就画了一只标准型雪纳瑞犬的画像,直到19世纪,三种不同雪纳瑞犬才在伍腾堡和巴伐利亚一起被发现。

迷你雪纳瑞犬都有明显扁平的口部和满脸的络腮胡,迷你型的体形像是经过压缩般地具有喜剧感。纵然如此,但它担任门卫时,绝对是称职的。迷你雪纳瑞犬以家庭为重,忠心耿耿、鞠躬尽瘁,对来路不明的人都怀着敌意,被誉为最能取悦家人的狗,尤其是对特定的家族成员会有特殊的感情。有些迷你雪纳瑞犬的学习意愿很高，对技能训练接受也相当高。迷你雪纳瑞犬外向活泼，有生动的表情和运动家的体格。

迷你雪纳瑞犬是雪纳瑞家族中最小的。它们有长长的头和椭圆形的黑色双肩，双耳短而尖，外层毛粗、浓密。迷你雪纳瑞犬，虽然体形如其名般娇小，但它那㹴犬式的雷鸣吠声，足以让所有的窃贼闻之丧胆。它没有大型狗的低沉嗓门，却有轰声如雷的叫声，小偷选择夜间行动就是为了不被发现，但有迷你雪纳瑞犬看门，小偷的如意算盘可就打错了。

㹴犬的起源与功用

迷你雪纳瑞犬属于㹴类犬种，虽然美国养犬俱乐部（AKC）将迷你雪纳瑞犬归为第四组㹴犬品种，而将标准雪纳瑞犬和大型雪纳瑞犬归为第三组工作犬种，但它们都具有㹴犬类的一些特质。

㹴类是一种担任特殊用途的猎犬，这种狗的特殊能力就是钻入猎物的洞穴或者天然裂缝中，把猎物驱赶出来或杀掉。一名专门为㹴类配种的苏格兰专家描述，㹴类所需具备的特质为"毛厚硬且个性勇敢"。厚重粗硬的皮毛是要保护狗儿在尖硬的岩石间追逐狐狸或獾时，不会受到伤害；它也可以保护狗儿不被凶猛的动物咬伤。此外狗儿必须很勇敢，才能完全地单独行动，尤其它们的工作环境常常是黑暗的地洞和无法随时撤退的地方，它们能

迷你雪纳瑞犬有时也会充当"狗咬耗子——多管闲事"的角色

否活命,就得看它们的打斗能力。许多猚类常常一心一意想追逐眼前的猎物,而钻入地道中,往往不经意地活埋了自己。

猚所具备的另一种重要特质:它们的吠叫声。一只理想的猚类,必须在情绪稍微激动时就发出吠叫。叫声越激动表示越靠近猎物的洞穴。而钻到地下后仍不停发出吠叫,可以告知主人该从哪里挖掘,以捕捉猎物。

早期的猚类无法随时吠叫,所以必须戴着挂有铃铛的项圈,以引导主人的追捕与挖掘行动,不幸的是,项圈常常会被地底下的障碍物给绊住,许多狗就因此窒息而死。有时候因为狐狸与猎犬遁入地底,主人听不到铃铛声,导致狗儿面临对方凶猛的奋力一搏而丧命。

猚类还有其他的特色,那就是消灭鼠类与其他害兽。没有亲身经验的人往往以为最理想的灭鼠专家是猫。猫的确能有效地消灭小型老鼠,因为捕鼠的重要特质就是要低调行事,而且要有耐心,可是大型鼠类实在太大、太凶猛,猫根本无法处理。有好几种猚类都是被用来对付大型鼠类的。由于猚类对待猎物的方式是抓住鼠类或其他小型哺乳动物的脖子,然后用力摇晃一两次,所以配种专家为它们设计了强硬的下颚。即使在今天,许多农夫用猚类来杀鼠,尤其是在种植谷类或玉米的地区,农夫们先用烟或瓦斯把洞穴中的鼠类驱赶出来,然后把它们赶进猚类们等候的空地,让猚来收拾它们。

维多利亚时代"斗鼠"是一种流行于都市下层阶级的一项运动,不过后来上流阶级的青少年与年轻人也起而效尤。猚类与鼠类被放进地穴中作殊死战。大家往往为胜负下赌注,甚至赌㹴类收拾鼠类所花的时间长短。可见㹴类能多么有效的执行捕鼠的任务。

㹴类这种追逐害鼠的癖好,以及攻击的模式,是它们本能的一部分。大部分的㹴犬主人都知道,只要利用手电筒朝地上照一照,就足以引起㹴类疯狂的追逐行动。任何会移动的小型目标,都会自动引发㹴类的追逐反应。至于㹴类攻击的模式,也是遗传的一部分。

迷你雪纳瑞犬的起源与发展

雪纳瑞犬分为迷你型、标准型、大型三种体形,它们不是一个品种的不同体形,而是三个独立的品种。标准雪纳瑞犬是一个古老的犬种,它是迷你型雪纳瑞犬和大型雪纳瑞犬的原形,这两种体型的雪纳瑞犬都是在标准型基础上演变而来的。我们在了解迷你雪纳瑞犬的起源时则有必要了解标准雪纳瑞犬的起源。

标准雪纳瑞犬是一种古老的德国犬。早在15、16世纪,作为家庭伴侣的标准雪纳瑞犬已经非常知名了。在那个时期,它的肖像出现在许多绘画中。画家阿尔伯维奇·达沃养了一头标准雪纳瑞犬12年,这只犬的形象在画家1492–1504年的作品中多次出现。伦伯朗也曾画过标准雪纳瑞犬。1501年,鲁卡斯·克沃纳奇在一幅挂毯上描绘了雪纳瑞犬。18世纪,标准雪纳瑞犬出现在英国画家圣·周斯华·瑞纳德的油画中。德国迈克林堡的一个市场有一座14世纪的雕像,塑造的是一位猎人和他的犬,那只蹲在猎人脚边的犬与今天的标准雪纳瑞犬十分相像。

标准雪纳瑞犬的身体几乎呈方形,结实有力,非常机敏,有着金

迷你雪纳瑞犬是在标准型基础上发展而来

属丝般的硬毛,粗粗的胡须和眉毛。标准雪纳瑞㹴生性勇敢,有着超人的智慧,非常值得信赖。体型介于大型犬与迷你型犬之间。

标准雪纳瑞犬是黑色德国狮子犬与硬毛杜宾犬血统的博美犬杂交的后代。标准雪纳瑞犬继承了杜宾犬浅黄色的下毛和博美犬粗硬如金属丝般的外毛。纯黑色的犬虽然在德国可以见到,却相当不寻常。

迷你型雪纳瑞㹴派生于标准型雪纳瑞犬,有传说与猴面犬和小型贵妇犬杂交过。1899年,迷你型雪纳瑞就作为一个独立的品种参加过犬展。

今天的迷你雪纳瑞犬已经成为㹴组中的一流犬种。与本组中其他的犬种相比几乎所有的㹴均是从英伦三岛培育出的,并且能攻击地下害兽的犬,而迷你型雪纳瑞㹴的起源和血统则与其他的㹴不同,使其具备了欢快愉人的气质。

迷你型雪纳瑞犬的特点是身体结实,硬毛,有大量的胡须,四肢有丰富的饰毛。毛色多种,尽管黑色或者银黑色的犬数量在上升,但是被毛黑白相间的迷你型雪纳瑞犬最常见。黑白相间色是指每根被毛的黑白横纹,而不是黑色、白色被毛的混合。脱毛可以使原有的被毛保留下来,而剪毛可以失去原有毛色。迷你型雪纳瑞犬有柔软的底毛,颜色包括黑色、暗灰色到浅灰色或者米色。如果剪毛,底毛一定要留下来。

迷你型雪纳瑞犬强壮、健康、聪明而且喜爱儿童。过去,迷你型雪纳瑞犬是作为农场小型犬培育的,用于捕鼠。迷你型雪纳瑞犬(肩高30.5~35.6厘米)的体形使其能够适应城市中的小寓所。另一方面,它仍然是家养犬,并且可以在相当大的区域内不知疲倦

地行走。尽管在必要时为了自己而战斗,但是迷你型雪纳瑞犬不是斗犬。

迷你型雪纳瑞犬没有统一的体重标准,已发育成熟的母犬身高33.0厘米,体重6.35千克,相对于其他品种的犬,此犬的体重稍高了一点。体重在很大程度上取决于骨骼的大小。

如今,迷你型雪纳瑞犬主要作为迷人的伴侣动物。它不喜欢游荡,忠于自己的家和主人,并且可以像大型犬一样遇到异常情况时发出警惕的叫声。健康、性情温顺而且具有吸引人的外表,使迷你型雪纳瑞犬十分适于作为家庭的宠物。

自1925年以来,迷你型雪纳瑞犬开始在美国繁育,一直具有稳定的爱好者并处于流行犬的行列。1933年8月,美国迷你型雪纳瑞犬俱乐部开始工作。

迷你雪纳瑞犬的故事

谈起迷你雪纳瑞犬人们总是津津乐道，我们在许多文学作品中，或许多杂志中都可看到关于它们的故事。许多故事都述说狗儿在野生动物、盗贼、小偷出现时警告人类；也有很多故事描述主角因为看护住所发出声音，而从火灾、瓦斯外泄、洪水或其他灾害中，捡回一条命。这儿就有一则关于迷你雪纳瑞犬很不平凡的故事。

斯蒂芬·马克斯试着乘一艘木制帆船横越太平洋，惟一与他做伴的是一只名叫"少校"的迷你雪纳瑞犬。在海上航行的时间很长，而且老天爷也不是很帮忙，他已经接连遇到两场强烈的暴风雨，使他不得不站在船舵边好几个小时才行。一旦风雨稍歇，这位累坏的航海家很快就陷入沉睡。突然，他被少校狂乱的吠叫声给吵醒。由于睡得迷迷糊糊，所以他不知道到底发生了什么事，只注意到少校正往下望着船舱。当他下去察看之后，发现暴风雨带来的雨水压力使得船身裂了一个洞，海水已开始灌进来。斯蒂芬慌忙地把洞暂时补起来，事情暂时稳定下来。他回到甲板上，将船舵转向离目前最近的陆地——菲律宾群岛。原本已经很疲惫的他，加上发现船舱漏水后的一番奋力抢救，再度陷入沉睡。回到船舱后，他发现刚刚补起来的洞又

破了，海水再度灌进来。这一次，他把那个洞补得更扎实，隔天早上，他终于完全抵达陆地。他说："我确信少校救了我的命，如果它第一次与第二次发现漏水时没有叫醒我，我一定会睡到整个船只都沉入水里。"

迷你雪纳瑞犬犬种标准

迷你雪纳瑞犬犬种标准是人们心目中完美的迷你雪纳瑞犬的理想形态，这种理想形态是经长期发展后固定下来的，明显区别于其他犬种的特征。

整体外貌

迷你雪纳瑞犬是㹴类中强健、充满活力的犬,与大体型的有亲缘关系,而且与标准型雪纳瑞犬在外观上相似。缺点类型:玩具似的,喜爱漫游,肢体粗壮。

体格强健,充满活力

大小、比例和结构

身高30.5～35.6厘米。身体结实,体长与体高基本相同,骨骼发育良好,无玩具化趋向。不符合标准:身高不足30.5厘米或超过35.6厘米。

头部

眼睛 小,黑棕色,深陷。呈椭圆形,富于表情。缺点:大或者眼色淡,向外凸出。

耳 剪耳后,呈标准的形状和长度,耳尖明显。双耳匀称,不过大。双耳位于头骨上方,与头骨内缘垂直,沿着头骨的外缘呈小漏斗状分布。如果不剪耳,则双耳小,呈V形,折叠靠在头骨上。

头 头部强壮,呈四方形,从耳部到眼部的宽度稍减小,从眼部到鼻尖的宽度缩小。头前部无皱褶,头骨顶部平,稍长;头部后部与头部顶部平行,

有皱褶,长度至少与头骨相同。相对于头骨来讲,吻部发育强健,呈钝状,在四方形的头部长有胡须。缺点:头部和面部粗。牙齿为剪状咬合。也就是说,当口闭合时,上颌前齿盖在下颌齿上,上切齿的内面只接触到下切齿的外面。缺陷:咬合不齐,水平咬合。

颈部、背线和躯干

颈部 强壮,呈完好的拱形,与肩相连,喉部皮肤紧。

身体 短而深。

胸部 从胸部至少扩至肘部。肋骨适当弯曲,胸深,胸部向背延伸形成短腰。肋腹部的下部不卷起。背线直,从肩部至尾根稍下降,肩部是躯干的最高点。从胸部到臀部的长度与身高相等。缺陷:胸部太宽或者臀部过窄,凹腹或者弓背。

尾 尾根高而直立,从不同的侧位观察均平行。肌肉强健,骨骼发育良好,稍深的胸部将两前肢分隔开,阻止

了前肢向前缩。肘部闭合,肋骨从第一肋骨起逐渐分开,使肘部有足够的空间向躯干移动。缺点:肘部松弛。

肩 肩部斜,肌肉丰满,表面平整而利索。从侧面看,肩胛骨的顶点基本上在肘部上方。两肩胛骨顶点比较接近。肩关节的角度使其前肢可以最大限度地伸张而无束缚或者费力。由于肩胛骨和臂骨长,为胸部变深提供了条件。脚部短而圆似猫爪,脚垫厚而黑。趾尖呈弓形而且结实。

后躯

后躯肌肉发达,股部倾斜有坡度,膝关节曲度适宜。肘关节的充分开张使得肘部可以向后超过尾根部。后躯不肥胖,比肩低。臀部短,垂直于地面,从臀部看,双后肢股后部平行。缺陷:跗关节呈镰状,牛样跗关节,跗关节开张或者后肢呈弓形。

被毛

双层被毛,外层毛硬、直,底毛软。头部、颈部、耳部、胸部和尾部的长毛应当修剪或者拔除。如果要参加犬展,被毛的长度应当适当,以判断毛质。

双层被毛,外毛硬直,内毛软

黑银色

椒盐色

黑色

颈部、耳部、胸部和尾部的长毛应当修剪或者拔除。如果要参加犬展,被毛的长度应当适当,以判断毛质。颈部、耳部和头部应有被毛覆盖,被毛应稍厚一些,但不是丝状。缺点:被毛太软、太光顺或者外观油滑。

颜色

被承认的标准颜色是黑银色、黑色和椒盐色。

椒盐色 黑白相间的所有类型的被毛都是可以被接受的,包括从浅色到黑色的混合色、棕黄明暗色的被毛,有条纹或者无条纹。黑白相间被毛的犬,被毛的颜色从黑白相间逐渐褪成浅灰色或者银灰色,这些部位包括眉毛、胡须、胸部、喉下部、内耳、胸前、喉下部、内耳胸前、尾腹侧、腿的饰毛和前肢的内侧。在体下部的被毛可能褪色或者颜色不变。然而,胸腹下部毛色更浅,胸底部毛色不应高于肘头的位置,与周围颜色不同的粉红色斑应视为缺陷。

黑银色 黑色和银白色的模式与黑白相间色相似。整个黑白相间色的区域必须是黑色。黑色与银白色相间的被毛其毛间部是黑颜色,而胸腹下部的黑色则富于变化。条纹的颜色从暗色或棕色均可以，胸腹下应该是黑色。

黑色 只有纯黑色是被承认的惟一单色。典型的情况是，外层毛的黑色是充满光泽的纯黑色，底毛则颜色稍淡，呈柔和无光泽的黑色调。这是自然形成的颜色，在任何情况下都不能被处罚。褪色的部位可以呈暗色或棕色。修剪后的区域黑色更浅。胸部允许出现小块的白斑，身体其他部位偶见单个白色毛发。

不合格 在多色区出现纯白色或者白色条纹、斑点或斑块。只有胸部黑色被毛上的小白斑是可以出现的。在喉部和胸前，原来是黑白相间或白黑色、银白色的被毛褪色成灰色或银白色，在这些颜色中间存在着自然的被毛色。在这些部位，任何不规则或连续的白斑点被认为是被毛上的白斑，而失去参赛资格。

步态

小跑是判断步态的方法。触摸时,两前肢(尤其是肘部)靠近躯干,用手向前移动前肢,双前肢既不太靠近也不离得太远。前行时,前后肢直线行走,运步相同。

当犬小跑起来之后,后肢与前肢的步调相同,这是可以被接受的,但是可能会有非常小的内向倾斜。这种现象起因于前肢的肩部和后肢的髋关节。从前方或后方观察,这些肢从肩部、髋部到脚部是直的。运动姿态正确的迷你雪纳瑞犬其四肢内向的程度在视觉上基本上感觉不到。不判断运行中的肘部是否内转、内向倾斜、交叉或外展。

从侧位观察,前肢伸展良好,后肢动力十足,跗关节紧凑。四肢下部既不内翻也不外展。缺点:单线轨迹,斜位步态,前肢外八字的步态,马步(前踢过高、腕部弯曲),后驱动力不足。

性情

迷你雪纳瑞犬警觉而精力充沛,且听从指令;友善、聪明、欢快,不应当过度胆小。

失格条件

上述内容中的各项缺点。

迷你雪纳瑞犬评审图解

通过对迷你雪纳瑞犬从整体到各部位进行全面解析、评鉴,有助于我们更深入的理解其犬种标准。

部位名称图解

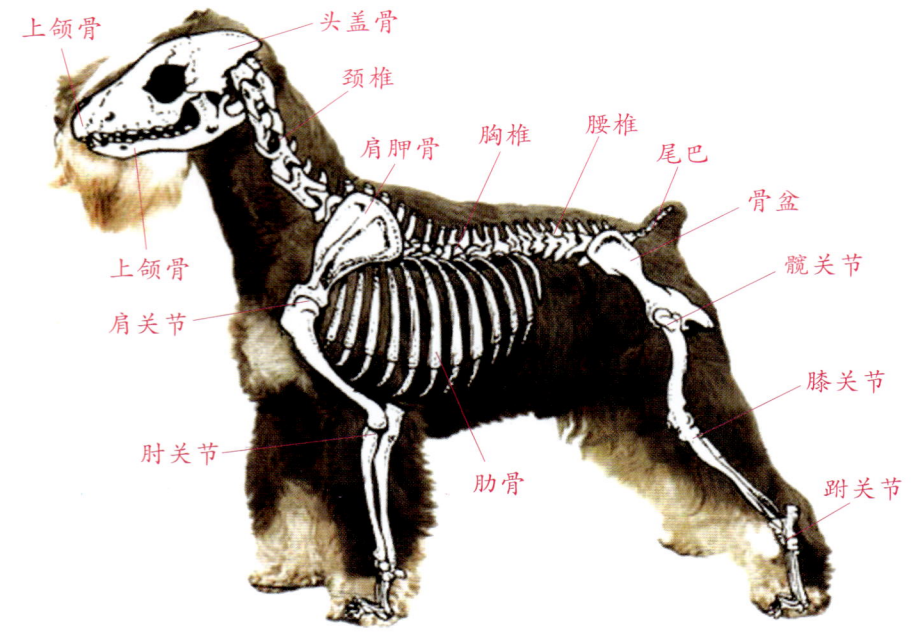

结构比例评审图解

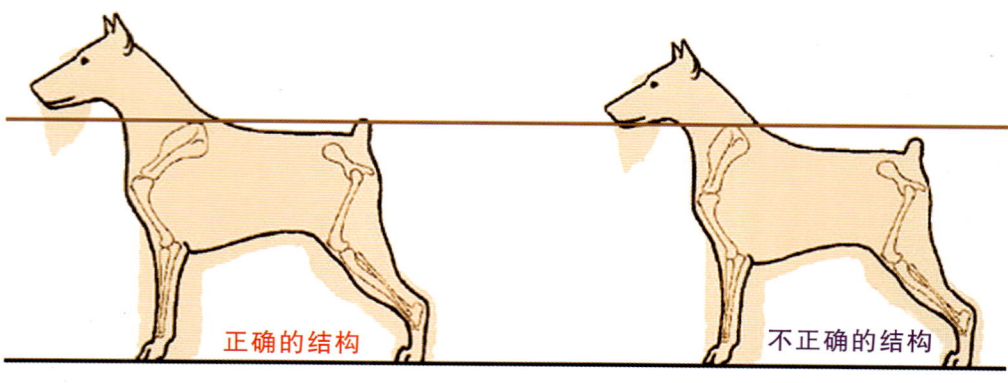

　　成犬身高大小为30~36厘米,理想体重在7~8.2千克之间。结构近似正方形,没有任何玩具犬的倾向。

眼睛评审图解

正确的眼睛：椭圆形　　　错误的眼睛：窄长　　　错误的眼睛：太大太圆

耳朵评审图解

正确的：头骨和耳根位置　　　不正确的耳根错误的：圆形头骨和　　　错误的：犷的头骨过于厚重、粗

 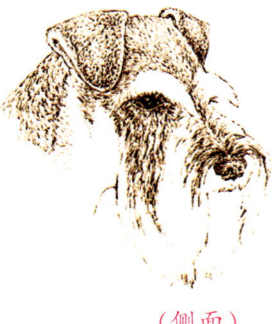 

（正面）　　　（侧面）

正确的未剪裁的耳朵

正确的剪裁耳朵的长度

错误的剪裁耳朵：耳朵过长

头部评审图解

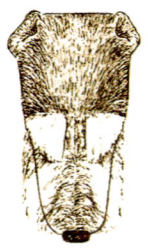 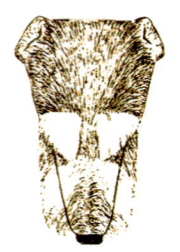  

正确的头部　　错误的头部：头骨过宽、吻部太尖细　　正确的头型和脸型　　错误的头型和脸型：口吻部太短且尖细

咬合评审图解

 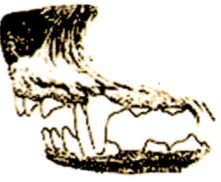  

正确的咬合　　错误的咬合：上颚突出（天包地）　　错误的咬合：水平咬合　　错误的咬合：下颚突出（地包天）

颈部评审图解

正确的颈部：弯曲良好　　错误的颈部：颈部太短、太粗

错误的颈部：像母羊似的颈

躯干评审图解

错误的躯干：拱背、腰窝处拱起过高

错误的躯干："空洞"的背部

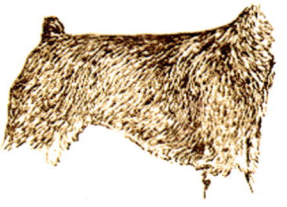
错误的躯干：平直的背部，尾跟位置正确但腰窝处的拱起过高

背线评审图解

前肢评审图解

正确的前肢：垂直且平行

错误的前肢：足部外撇

错误的前肢：碗状腿

后肢评审图解

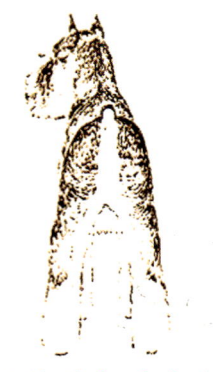
正确的后肢：笔直的腿，良好的宽度

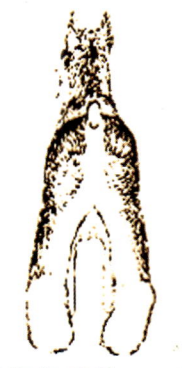
错误的后肢：O型腿加内八字

错误的后肢：X型腿加外八字

前躯评审图解

  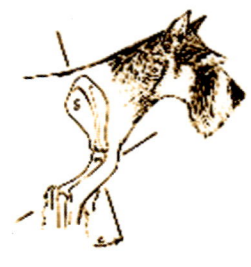

正确的前躯　　　错误的前躯　　　错误的前躯

后躯评审图解

 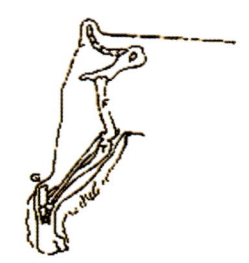 

正确的后躯　　　错误的后躯　　　错误的后躯

被毛评审图解

步态评审图解

正确的被毛　　错误的被毛　　　　正确的步态

迷你雪纳瑞犬的参展

大型的犬展上都会汇集来自各地的优秀犬只,如果你拥有一只赛级迷你雪纳瑞犬,你可以带着你的爱犬到赛场上一展英姿。

Ch Penlan Prelude To Victory (1960s) – champion producer

Ch Penlan Checkmate (1970s) top producer

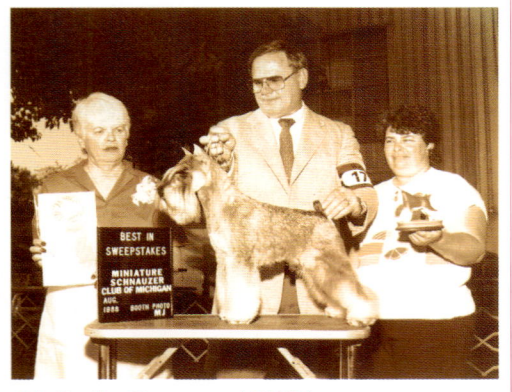

Ch Penlan Prototype (1980s)

犬展的类型

如果你想了解纯种迷你雪纳瑞犬的超级魅力，你可以到赛场去欣赏评判，届时经验丰富的评审员会对所有的犬只进行全面的审查评价，从而评选出更为优秀的犬只。犬展展示着养犬者繁殖、改良和训练的成果，并将优秀的犬只介绍给更多的犬友，从而提高犬只品质，让犬只更符合犬种标准。犬展按级别可分为国际性犬展、全国性犬展、区域性犬展及各俱乐部（协会）本部展。这些不同级别的犬展按规模还可分为全犬种展和单犬种展。全犬种展分为运动犬组、猎犬组、工作犬组、㹴犬组、玩赏犬组、畜牧犬组等。单犬种类如德国牧羊犬单独展、迷你雪纳瑞犬单独展等。世界上较为著名的国际性犬展有美国西敏寺犬展、美国克鲁夫特犬展、意大利米兰犬展等。

美国西敏寺犬展　1877年的5月首次举办的美国西敏寺犬展是美国历史上最古老的犬类运动竞赛之一，至今已有130多年的历史。犬展每年都要举行一次,由西敏寺俱乐部负责。美国最优秀犬只的最终目标就是获得西敏寺的冠军,这也是众多国外顶尖犬只的终极目标。现代的西敏寺犬展几乎成为当今世界最高级别的犬种展示比赛,世界各地的名犬都以在西敏寺犬展中夺魁为最高荣誉。报名参赛的犬只无一不是身经百战的各地冠军名犬,也正是因此,每届西敏寺犬展的参赛犬只数目都不算太多,能代表这一犬种参加西敏寺的比赛已经是莫大的荣誉了。

克鲁夫特犬展 克鲁夫特犬展是由狗饼干供应商查尔斯·克鲁夫特于1886年首创,是英国规模最大、规格最高的全犬种犬展,每届犬展都吸引了全球各养犬俱乐部或协会参与。1891年,克鲁夫特犬展成为第一个在皇室会馆进行并记录在册的犬展。现在,克鲁夫特犬展的规模更大了,比赛犬只多达上万只。

意大利米兰犬展 意大利米兰犬展也是世界上最具特色的几大犬展之一。和其他

Ch Penlan Pawnbroker (1990s)

Ch Penlan Pep Talk (2000s) top producer

Ch Penlan Putting On The Ritz (2000s)

重要的犬展不同的是,米兰犬展的参赛者除了那些专业的养犬者以外,更多的是业余的养犬爱好者和名犬发烧友。他们之中有来自意大利本土的,也有来自欧洲邻近各国的。

国内犬展 进入21世纪,随着养犬业的发展,各大中城市纷纷成立犬协或养犬俱乐部,各协会、各俱乐部之间加强了沟通,与海内外许多犬协或俱乐部的交流与合作也得到了

加强。世界畜犬联盟(FCI)、美国美犬俱乐部(AKC)等国际犬业组织也纷纷派出裁判员担任中国一些大型犬展的评审工作。近几年,北京、上海、天津、深圳等地的犬展已成为目前国内规模较大的犬展,在海外也有了一定的影响力,中国台湾地区及东南亚国家的一些知名犬舍也纷纷

前来参展。

犬展的分组方法

不同的犬展,它的分组方法是不同的,犬主必须仔细的察看赛事指南。现在国内犬展一般是采用的美国犬协(AKC)和世界畜犬联盟(FCI)的赛事分组。按美国犬协(AKC)的标准的话,所有犬只分为七大组群;按世界畜犬联盟(FCI)的赛事分组的话,所有犬只分为十大组群。在此基础上,AKC及FCI赛制的同犬种又分为公、母两组,然后依月龄的大小又分为幼犬组(3~6月龄、6~9月龄)、青年犬组(9~12月龄)、成年犬组(12~

18月龄、18月龄以上）数组。国内大多数的犬展的赛制都是组织者根据AKC和FCI赛制结合实际情况设立的。

按年龄分为 3～6 月龄；6～9 月龄；9～12 月龄；12～18 月；18 月龄以上。

参展犬的基本资格

根据美国 AKC 的规定，参展的迷你雪纳瑞犬有以下缺陷不能在任何展览中参加竞赛：

* 眼瞎耳聋者、去势者、卵巢摘除者或除特别规定外的其他人工方法使其相貌改变者；

* 眼睑内翻矫正，眼睑内翻，倒睫症；

* 第三眼睑切除；

* 眼修复术；

* 兔唇矫正，上颚裂缝，鼻孔狭窄或软颚过长的切除；

* 牙修复术；

* 皮褶去除或皮斑去除；

* 腹股沟疝、阴囊疝或会阴疝等矫正术；

* 髋关节发育不良，DCD，膝盖骨脱臼或股骨头切除；

* 睾丸移位或人工植入睾丸；睾丸不在阴囊正常位置处的犬。

腿跛的犬也不可以参加任何展览，不能获得此种展览中的奖项。裁判有责任来决定一只犬是否属于跛犬。如果因使用一些物质造成犬的毛色或天然斑痕发生改变,不管这些物质是作为清洁作用或其他原因来使用,此犬都将没有资格参加任何展示,也不能给予任何奖牌。犬在参赛前必须清洗掉这些物质。

有以下任何一种情况的犬都不允许参加任何展示,不允许带入参展区,凡可能已带入参展区的必须立即带出:

* 患犬瘟热、传染性肝炎、钩端螺旋体或任何其他传染病。

* 开展前30天以内,被认为患接触性犬瘟热、传染性肝炎、钩端螺旋体或任何其他传染病的犬。

* 假定可能患有犬瘟热、传染性肝炎、钩端螺旋体或其他传染病,并在开展前已隔离30天的犬。

相关链接
犬展常用术语及英文缩写对照

BIS	全场总冠军
RBIS	全场后备总冠军
BPIS	全场幼犬总冠军
BJPIS	全场特幼犬总冠军
KING	最佳公犬
QUEEN	最佳母犬
BIG	犬组群冠军
BOB	单犬种冠军
BOS	最佳相对性别
WD	单犬种优胜公犬
WB	单犬种优胜母犬
BOW	WD和WB之中的获胜者
BISS	单独展的全场总冠军

裁判审查方法

参展者按组别入场后,先进行个别审查,由审查员对参展犬只逐一检查其牙齿、咬合、骨骼、睾丸等是否健全后,再做比较审查。由指导手牵引参展犬只绕行审查场,进行步容、立姿、秉性及动静体态等审查。除了根据各部分标准来评分外,尚要注重整体的均衡及动态的美感,来决定犬只的优胜。

裁判正进行个别审查

参展前的准备

◆ 参展前进行修饰

迷你雪纳瑞犬的外形极富个性,在赛前要通过适当的修剪美容将其独特的个性全面的表现出来,是否有靓丽的外表与能否吸引裁判的目光有着极大的关系。而对于参展的狗狗来说,将其打扮得漂漂亮亮尤为重要,参展的迷你雪纳瑞犬要有修饰整洁的被毛,且有干净的脚,外加干净的耳朵、眼睛及牙齿。因为美容之后狗儿也会感到神清气爽,从而在赛场上有着上佳的表现。关于其赛前具体的修饰,我们将在后面美容部分专章详细讲解。

展前应按犬种标准要求进行精心的修饰

◆ 备好相关物品

- 刷饰工具:梳子、刷子、剪刀和干洗剂。
- 饮水碗和水瓶。每个展览会都会供应水,但并非总是放在方便之处,而且在旅途中也可能需要水。
- 若延续时间长,要备好食物和盛食物的碗。
- 精美食物。许多训练者用精美食物来训练狗的注意力,通常把这些食物装在塑胶袋里,然后放在口袋中以沙沙作响方式吸引狗的注意。

展前应做好充分准备

- 席位链。为某些展览会而准备,以便把狗圈拴在桩上。
- 展出用的皮带通常为尼龙质料或精细皮质。

◆ **赛前注意事项**

- 犬体的修剪及整毛应于赛前1星期完成(最少也得4天前完成),如此可让修过的部分显得自然而不留刀痕。即使必须要进行修剪也只作少量的修饰。
- 如果犬展在远地举行,最好提早1天到达,以缓和长途旅行的疲劳。
- 犬展当天应提早到会场。先找个阴凉的地方稍作休息,并避免日晒过度。
- 参展当日犬只给食粮应减半或空腹,以免参展中途呕吐而影响精神。
- 达到会场以后给犬饮水,如是幼犬,适当给少量食物。
- 做赛前的准备工作,如梳毛或牵带以及适应会场环境。
- 不要殴打或责骂你的狗,以免怯场。
- 犬主应保持轻松,尽量去表现犬的优点。牵绳应握于左手,立姿应侧向审查员,并注意本身服装整洁及保持个人风度。指导手的服装尽量大方、庄重。

赛前的必要训练

◆ 定姿训练

狗初次套上牵绳时，它会因为不习惯而挣扎，你可以食物来诱导它，这样很快地它就能和你配合，而习惯让你牵着走了。这种训练最好是选择饿着肚子的时候教，效果最好。

刚开始训练时，当你喊一个口令，例如"定"，它可能不知道你要它做什么，而仍然低着头不理不睬时，就要用力地扯一下牵绳，以引起它的注意，使它把头抬起来看着你，这时你就将食物递给它，并且称赞它。如果它跳起来，或站立起来时，你就把牵绳往下扯，并斥责"不行"，并把食物拿开，等做对了再给它。如此重复训练，几次以后就会明白你的用意，并愿意配合，这时你可以慢慢地在它"定"的时候，弯下腰用手顺一顺它的尾巴，让它习惯你的这个动作，然后试着抬一抬它的后躯，把后脚的位置摆好。一般这种训练可以在你牵走的中途停下来做一下，这样在赛场上更容易配合。另外要注意的是在"定"的时候，犬和你的距离不要靠得太近了，最好有1~2步的间隔,如果它靠得太近了,你可以弯下膝盖,顺势把它顶得后退一点,或者它站得不好时也可以让它转个圈重新来过。

◆ **步伐训练**

在犬展中最重要的是狗的动作,裁判希望看到的是自由活泼的狗狗。要提供足够的空间和自由,让狗以正确的姿势跑动,指导手在行动中不能阻碍狗的步伐。指导手必须选择跑动的线路,虽然裁判会指明大致的方向,但主人应该先勘测场地。狗一般不想在其他狗弄脏的地面上跑动,即使弄干净后也是这样。在会场外面,要尽可能查明线路是否平坦,是否有会改变狗步伐的洼坑和土堆。

要使你的狗狗步法达到最佳效果,需要先测定其小跑的速度。在家中练习时,可以请有经验者在一旁辅导。确定狗狗的正确步幅和皮带长度是非常重要的,

犬展其实就是展示犬种独特的动态与静态美

最优秀的调教者和狗一起在场中表演时,会如隐形人般——让它看起来是完全自由地行动。

但要特别注意不要在跑动时模仿它的步伐,因为迷你雪纳瑞犬可能会很自然地开始模仿你,并采取类似踩高跷的动作。

除了观察狗狗的步伐外,裁判还会评判它进场和离场时的动作,这时则需要以较为缓慢和更泰然自若的小跑步。并记得要让它沿直线跑动。为克服脚步摇晃和双脚如螃蟹走路般的跑姿,在训练时,在狗的两旁,以顺时针和逆时针两种方式练习。

赛场牵犬技巧

在参赛之前,可根据犬种标准及你多次参加犬展的实践经验来评估你的爱犬,若越接近标准,则优点越多,获胜的可能性也越多。但没有一只犬是绝对完美的,因此指导手的重要职责就是要把犬的优点表现出来,而把缺点用技巧掩饰起来,让犬只在审查员面前呈现出最吸引人的秉性与气质,从而获得好的成绩。指导手可以是犬主自己,也可以聘请专门的牵犬师。

◆ 定姿技巧

当审查开始时,就要做个别审查。指导手要以最完美的方式在最短时间帮助狗狗做好定姿动作。将一只手放在犬的胸下部以抬高前端,然后将手移至颈部以做出正确的头部姿势,同时另一只手尽可能地调整后腿和尾巴,以达到最佳效果。摆姿势的动作要领如下:

将一只手放在犬的胸下部以抬高前端,然后将手移至颈部以做出正确的头部姿势,同时另一只手尽可能地轻抬后腿和尾巴,动作要像是爱抚自己的宝贝,而不是当它是木偶似的去摆布。手要轻触狗的最后肋骨下方,能使他收紧腹部肌肉,背部微微下倾,以达到身体上部从头至尾都有着柔和的外形线。不要从腹部下方把狗托起,这会使狗的背部拱起;也不要把犬的后腿分得过开,这会使它的前腿弯曲、背部下倾。

迷你雪纳瑞犬静立时应体现出威严与自信

◆ I 字形牵犬技巧

所谓 I 字形就是从原点出发走直线,至终点后做 180°的旋转再回到原出发点,这也是做个别步容或姿态审查时用的方法,这种走法主要便于审查员观看犬的后肢以及前肢的步容和架构。如果你的爱犬后肢较弱,就要把牵绳放松一点,让犬的重心前移,就会改善许多。走直线时步容要轻快,速度适中,配合指导手的步伐,犬不要离开人太远或靠得太近。到终点旋转时,指导手应以单脚固定,以另一只脚旋转,犬在人的外侧绕圈旋转。

牵走中人与犬的距离应适中

如犬走得慢时,指导手可以配合走小步一点。旋转后审查员开始注意犬的正前面走势,要注意犬的头部,不要让它低着头像老牛拉车似的步容。另外出现牛步时,牵绳可以一松一紧地控制,来改善它的牛步。

四肢均衡的犬,牵绳不要过紧,否则容易使前脚踏空,前肢踏空时容易有交叉步容出现,应尽量避免。旋转后,步行至审查员前一米处时就停止,并把姿势摆好。

◆ 三角形牵犬技巧

走三角形的赛场,主要是审查员要看犬的侧面步容。此时要昂头挺胸且活力充沛地快步前进,在转弯时指导手应大步急转,以跟上犬

转弯时,指导手的脚步一定要跟上

任何时候都让狗处于评审和指导手之间

既然是犬展,那狗当然是主角,而作为指导手,应甘当陪衬。其实无论指导手做任何动作,使用任何技巧,其最终目的只有一个,那就是要秀出一只狗最有魅力的姿态,让它们趋于完美。为了更好地秀出一只狗,让评审对狗留下更深刻的印象,指导手会始终让狗的位置保持在评审与自己之间。所以,在赛场上,指导手通常用左手牵犬。让狗位于指导手的左侧。指导手有时也会用右手牵犬,在按"三角"形、"L"形路线行进时,当评审员位于指导手的右侧,这时候,指导手会在合适的时机将牵犬带巧妙地换到右手,以保持狗的位置处于指导手和评审之间。

的步调。遇上活力充沛、动作灵活的犬时,可以用I字形的转弯法,以免犬走得过快而扰乱步调的和谐。

◆ **方形牵犬技巧**

一般方形的走法是以逆时针的方向做全场的牵走。一般此种走法大都是整组犬一起走,做比较审查时使用较多。此种走法大多在整组犬出场后,个别审查之前或之后绕行整个赛场,以做比较审查。由于是整组犬一起走,因此要注意保持彼此的距离,并依审查员的指示,慢慢地加快速度,以最美、最和谐的步伐前进。走得较慢的犬可以较靠内,速度较快的犬可以走外侧或者慢点出发,以保持适当的距离。如审查员示意停止时,立即摆好站姿,把犬"定"起来,并随时注意审查员的视线,调整方向。切记不可把犬的屁股朝向审查员,否则即使你的犬"定"得再好,也会被扣分。要始终以完美的侧面或正面"定"姿对着审查员。

指导手的工作内容

对比赛犬的管理　这是指导手的重要工作内容,它需要在日常完成。良好的日常管理才能使一只参赛犬拥有良好的状态,因此管理对参赛犬来说是至关重要的。具体包括对参赛犬的训练、营养调配、运动方式、运动时间、毛发打理以及日常美容等等。

带领犬只参加比赛　了解赛事、赛制,报名参赛,参赛犬的运输以及与美容师的合作等等,这些过程通常不被观众注意,而我们看到的通常是在赛场上牵引比赛犬的表现过程。

指导手的赛场礼仪

接触评审时 在个体审查时,不能对评审讲话,但是要行注目礼。除此之外,要始终保持用正面对评审。

调换位置时 当评审要调换位置时,要从其他人的后面向前走,并且要跟其他人的狗保持距离,以示尊重。

开始起步时 当评审要求全体人员共同跑环形路线时,处于第一位的人应该与最后一位做示意性的沟通,当确定最后一位已经准备好时,才开始起步。

指导手在比赛场应展现其良好的风度与气质

等待审查时 等待审查时要跟前面的狗保持一定距离，这个距离根据场地和狗的大小而有所变化，但是原则上，至少要保持 2 倍于犬只身长的距离。

比赛结束时 比赛成绩得出时，应该主动向获胜者表示祝贺，向评审表示感谢。

无论任何时 任何时候，都要保证自己的狗不要接触到别人的狗，并且要尽量确保自己的狗不要影响到其他狗的状态，这是比赛中的原则。

指导手的着装

上场比赛，指导手必须要穿正装，这是对比赛的尊重。好的着装可以体现美感，展现自我，能够用服装去衬托参赛犬的魅力。

服装的颜色要衬托狗的线条 雪纳瑞的颜色多为黑色、银白色、黑白相间色，这样指导手上场时，就不要穿与其颜色很接近的服装了，否则，就会影响评审的视觉效果，让人感觉狗的线条和轮廓已经被同样的颜色所模糊了。

着装满足比赛需要 服装要尽可能的为比赛服务，上衣不能太长，否则会影响狗的注意力；肥瘦合适的裤子可以让行动自如，又不会显得臃肿懒散。服装的右侧一定要有一个较深的口袋，这个口袋可以放置一些必备的物品，例如吸引狗的诱物等。但是要保证在跑动的过程中这些东西不会掉出来。

着装体现个性 着装要展现个性魅力。在样式、颜色、细节上可以融入时尚细节，让

BISS Ch. Bravo's Takin Care of Business

观众和评审对你过目不忘,这样就能让更多的人对你和你所带的犬只留下深刻印象。

获得全场总冠军的要素

BEST IN SHOW 就是"全场总冠军"(简称"BIS")。BIS 是领奖台上的掌声,是聚光灯下的荣耀,是犬展中的最高荣誉。当一只参赛犬经过重重考验,淘汰各个对手,最终获得 BIS 的时候,自然让人反思究竟什么因素能让这只狗狗获得了冠军呢?

接近标准 评审比较狗的优劣,最基本的方法就是给狗打分,而越接近犬种标准的狗得分就会越高。当几个不同的犬种在同场竞技的时候,评审依然是打分定高低。越是接近自己标准的犬得分就会越高,最后获胜的机会也会越大。

培养管理 有很多具备参展素质的幼犬,没有拿到好成绩的原因并不在于它们本身的素质,而是缺乏良好的培养和科学的管理。管理包含营养、美容、运动以及日常生活中等很多习惯的培养,样样细节都不能疏忽。

科学训练 一只外形条件非常优秀的狗,如果缺乏训练,也难以在赛场上展现出自己的气质和精神状态,最终也很可能会被淘汰出局。其实参展犬的训练科目不只是牵引随行和摆姿势,对于参赛狗来讲,游戏和玩耍

也同样非常重要,这对狗的亲和力、信心的培养非常有利。而亲和力和自信心对参展狗来说同样是至关重要的。

参赛美容 参展犬的美容和宠物犬的美容是有很大区别的。参展犬的美容,除了能让狗保持清洁、漂亮的外观之外,还要根据每只狗的特点,考虑到如何掩盖修饰它们的不足之处,使它们看上去更加接近标准。

比赛环境 这个环境所指的是人文环境。因为各个国家对于相同犬种的标准或多或少会有所区别,因此,同样级别的赛事由来自不同地区的评审来评判,很可能出现不同的结果,这是很正常的。另外一方面,因为评审毕竟也是人,人总是有偏好的。在不失公正的情况下,评审根据个人的偏爱来决定比赛的成绩,是无可厚非的。既然报名参加犬展,就意味着要接受比赛的结果,并且尊重评审的决定。

临场发挥 在犬展中,经常会出现两只狗在外观、美容上水平都比较接近的局面。此时,指导手就成为了决定胜负的重要人物。一名优秀的指导手,可以利用丰富的经验、敏锐的思维、细致的观察来调整狗的状态,调动狗的情绪,掩盖狗的缺陷;以优美的姿态,轻盈的步伐,高超的技巧去展现一只狗最完美的一面!

相 关 链 接

AKC的冠军登录

在品种内,参加比赛的犬只数量越多,取得优胜后获得的积分也就越多。一场比赛的最高积分为5分,最低为1分。

在AKC制度下,犬只要完成冠军登录,得到CH头衔,必须得到15个积分。这15个积分中必须包括两个组分。组分是指在一场比赛中得到3分、4分或者5分,而这两个组分必须是不同的审查员颁发的。这种状况下,积分达到15分就可以完成冠军登录。

如果一只狗得到15个1分,依然不能完成冠军登录,而完成冠军登录的最高等级,是得到3个5分,最低等级则是得到2个3分加上9个1分。冠军登录犬不同的完成方式可以客观地反映出犬只的实力和素质。

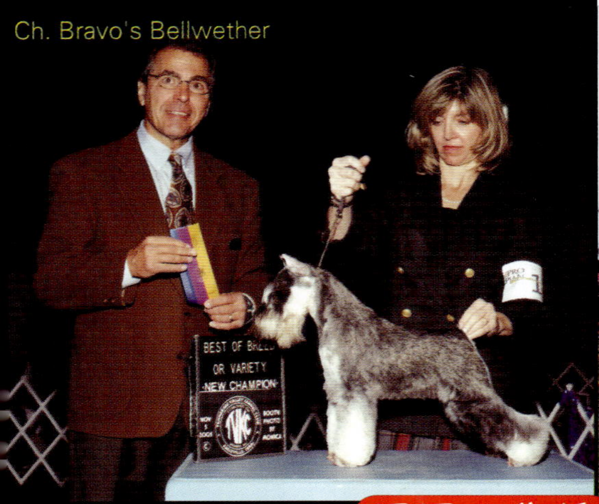

Ch. Bravo's Bellwether

Ch. Bravo's Just Fabulous

冠军犬集锦

迷你雪纳瑞犬的选购

在选购迷你雪纳瑞犬时要先仔细阅读其犬种标准,依据该犬种的标准选择一只适合自己的狗狗。

注意血统纯正

在选购迷你雪纳瑞犬时必须注意其血统纯正,这是保证犬只品质优秀的重要条件。只有其父母、祖父母犬均为纯种犬时,才能保证该犬遗传稳定,可能是一只品质优秀的纯种犬。按照规定,要确认纯种迷你雪纳瑞犬一代一代繁殖下去而没有多大改变,标准已经固定的这种身份,通常要给这只迷你雪纳瑞犬发放血统证明书。许多国家和地区犬协都实行了这一规定,因此在境外引进迷你雪纳瑞犬时一定要索要血统证明书。目前,我国还没有建立全国统一的血统证书认证体系,但有少数城市已经开始试行这一规定,建立纯种犬登录制度,发放血统证明书。对没有证明书的,更要查清欲购进犬只的父母犬及以上几代犬只的品质,弄清血统渊源,遗传是否稳定,有无遗传性疾病,以推断该犬的优劣。但从境外购进的犬只都应该索要血统证明书。

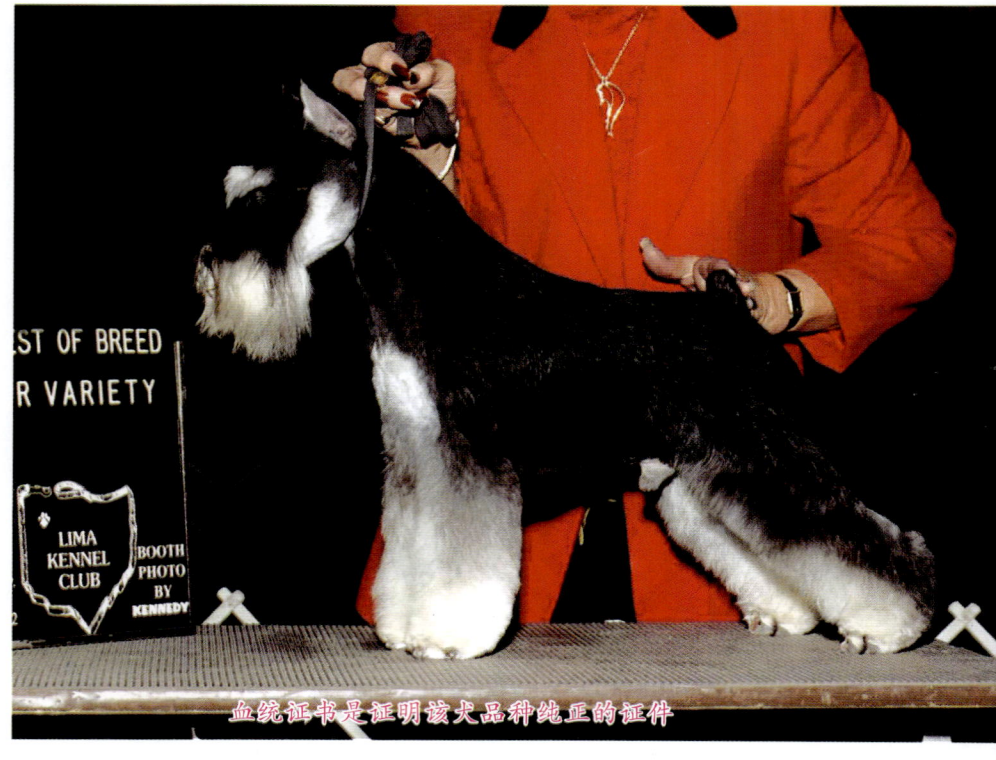

血统证书是证明该犬品种纯正的证件

进行健康检查

检查眼睛 健康犬眼睛富有神采,清洁,不流泪,无分泌物;两眼大小一致,相互对称,眼结膜呈粉红色。若眼角有分泌物,则可能患有结膜炎等症。

检查耳朵 耳道清洁,没有异味,耳朵内侧为粉红色者为健康犬。耳尖不要有皮屑,以防有寄生虫。若经常侧头甩耳或耳朵内有异味,可能耳内有毛病。

检查口腔 健康犬嘴闭合完全,清洁、湿润,牙床及唇部为粉红色,不流涎,吐气无异臭。若口腔有臭味,则可能患有消化道、呼吸道、口腔炎等疾病。

检查鼻子 健康犬鼻镜凉而湿润,无脓性鼻涕,不打喷嚏。若有脓性鼻涕或打喷嚏,则可能患有重度感冒并伴有炎症发生。

检查尾部 健康犬肛门紧缩,周围清洁,粪便软硬适当。应特别注意犬的尾部下方,若有黄"印",是最近患过腹泻或下痢的迹象,不宜购买;还要看看肛门是否有红肿或溃烂现象。

检查皮肤 皮肤要柔软而有弹性,不能硬结、肥厚,要注意皮肤是否有虱、疥螨等寄生虫或其他皮肤病。有皮肤病或寄生虫的犬,在短期内一定忍耐不住,会用爪连续多次搔抓病变部位。你要看清楚它搔抓的部位有无红斑,再细致检查,就会发现皮肤是否有毛病。

检查骨骼 用手触摸其头骨、上颌骨、下颌骨,再沿颈椎骨往后摸脊椎骨和四肢骨。应注意犬的骨骼,比如头骨有无变形,脊椎骨有无弯曲,颌骨有无裂痕,髋关节和膝关节有无脱臼等。

检查四肢 让犬来回行走、跑动,观察四肢是否正常,看其运步和跑跳是否优美,有无跛行现象。

对感官的测试

触觉 用拇指和食指捏着幼犬前脚中趾之间的皮蹼，口中数着一至十的数字，同时手指相应逐渐增加力度；若幼犬一开始就剧烈挣扎，将来对头圈、束缚及训练会过度敏感；而在最强力度方才挣扎的狗儿，则需要进行强硬的训练。

听觉 把发声的器具先发出响亮声音再隐藏一角——通常是金属盖之类。一声响之后，幼犬多会惊慌失措，如果它没有反应的话，要立刻带它去兽医处验一下是否为失聪犬只，若幼犬能迅速恢复正常，并且能调查声音来源，那便是头脑敏捷优良的狗儿。心有余悸，远避声源的狗儿，可能不适合嚣闹的家庭。

视觉 把一些布条在幼犬前面挥舞，信心十足的幼犬会静静研究那是什么，勇敢的会试图咬破它，怯懦的则会躲起来。

以上的测试只是提供一种较客观的参考，需要由经验丰富的专家进行方更为准确，此外同时要考虑个人养犬目的和生活形式，例如要求拥有一只赛犬或纯做伴犬，选择上便大不同。而居住环境及个人性格也是一项重要的考虑因素。

六项行为测试

英国一群专家根据多年研究成果，设计了一套"幼犬测试"方法，应用在七周大的幼犬上，证明非常有效，可作一较具客观价值的参考。该项测试持续30分钟至1小时，方法是在幼犬最活跃的时间带它到一处陌生而宁静，没有任何分散小狗注意力的场所，当中每个项目评分都是1~6分。

社交能力 测试者跪在幼犬前面一段距离，呼唤幼犬前来，若幼犬尾巴竖起直奔过来，它定是头充满信心、喜欢社交的狗，至于性格独立的狗儿可能无动于衷；而柔怯的幼犬可能会前来但态度犹豫，且尾巴垂下。

追随 测试者先站起来慢行，以吸引幼犬追随他，自信心强的幼犬会主动追随，而强悍的会奔在前面，或是绊手绊脚，柔怯的会迟疑地却行又止，独立的则走到别处去了。

压制 将幼犬翻在地上四脚朝天，用一手按着它的胸口，并微用力限制它不许活动，以双眼盯着它的眼半分钟。此时强悍的会努力挣扎，目光不显畏惧，柔怯的则会屈从，目光游移。这项测试极为重要，最强悍的幼犬只适宜经验丰富的人士饲养。

气度 完成压制测试后，立刻将幼犬放在面前，温柔抚摸它全身、轻轻地对它说话，并低首倾前让它可以舐到测试者的面孔。对于一只不忘记刚才被压制，气度不宽宏的犬只，是比较难接受训练的。

控制 双臂抱着幼犬在胸前，站起来半分钟；若能怡然躺在臂弯的幼犬，长大后较容易适应陌生环境；相反不断挣扎的幼犬，长大后同样会不愿接受人类的支配。

寻回 以一张纸捏成纸团，抛在幼犬面前数尺，通常它的反应如下：

a.奔向纸团，衔起它，在测试者的鼓励下走回来，这将是容易受训的良犬。

b.对纸团兴趣不大甚至走掉，这只犬可接受训练的程度较低。

c.衔着纸团走向角落独

自咬扯玩耍,这只性格独立的狗儿将来需要老练的训练师。

　　以上每一项目中评分都是 1~6 分,表现得最强悍的得 1 分;相反,最怯懦的得 6 分。如果幼犬在各项测试中每项都得 1 分的话,当然这是极罕有的,它具强烈的支配欲甚至能带攻击性,所以不是只理想的家庭宠物犬。各项中得 2 分最多的幼犬,同样具有较强支配欲,但可从适当的训练中变成优秀的伴侣和出色的工作犬。以得 3 分最多的幼犬,性格活泼外向,肯定是一只服从性好易于训练的狗儿,对初养狗的人士最适合不过。得 4 分最多的幼犬,极乐意与人相处,尤其能与儿童融洽做伴,是家庭宠物犬的上选。得 5 分最多的幼犬,比较敏感和缺乏自信,对无甚要求、喜欢宁静生活或养狗纯为做伴的年老夫妇来说,是颇佳的伴侣。

性格良好的犬只会为主人带来更多快乐

购买时须注意的问题

◆ 观察环境

观察犬场、犬舍及宠物店的环境是否宽敞明亮,是否清洁卫生,有无异味等。如果一条犬原来生活在肮脏狭小的环境里,活动、大便、小便都是一个地方,排泄后也没有人及时清除打扫,臭气熏天,那么它一定不会有好的卫生习惯,到了新的家庭后,很难纠正其不良的行为习惯。

所以不要只看到门店是否漂亮,装修是否气派,要注重其中的一些细节。要特别注意犬舍里是否有不可忍受的臭气,因为这除了不清洁的原因,更有可能是病犬,病犬的臭味是一般的打扫清除不了的。

◆ 了解犬吃的食物

正规的、科学管理的犬场一定是用专用犬食喂犬。专用犬食,根据犬的生长和运动需求特别配制生产,营养成分全面,利于消化,犬也长得健康。喂食犬食定时定量干喂,清水另外放置,既干净,又不浪费。

如果犬吃的东西是饭、粥加点菜和肉拌在一起,这说明犬舍的管理粗糙。因为这样的食物淀粉和脂肪含量太高,钙质和微量元素缺乏,犬多数会有不同程度的软骨病,毛和皮肤也不能健康生长。另外,由于制作和保存方面的原因,吃这种食物的犬,有更多机会患消化道疾病,更严重的是,用这种食物饲养长大的犬都很馋,有的会随便吃食,甚至会捡食垃圾。

◆ 疫苗注射情况

注射疫苗是防止犬患病毒性传染病的唯一方法。不经疫苗接种的犬,一旦感染病毒,死亡率极高。幼犬一般6周接受第1次疫苗注射,每隔3~4

周重复1次,前后共3次,以后每年1次。狂犬疫苗必须3个月以上才可注射,1次即可,以后也是每年1次。所以,一只犬至少到14周才有可能已经完成幼犬期的疫苗注射。疫苗的具体注射应根据疫苗说明及医生的建议进行。出售的犬一定要有与犬的年龄相当的完整的疫苗记录。

如果使用疫苗,那么是不是有效疫苗?有些疫苗因为技术上的原因,质量很不稳定,不能最有效的进行预防。在进口疫苗中,有荷兰生产的,也有美国生产的。因为是进口的,所以运输途中的保温措施至关重要。疫苗的保存温度一般在2~7℃,超出这个温度2个小时就失效。一份疫苗由冻干苗和液体苗两部分组成。可以把装冻干苗的瓶底翻过来看,如果看到是裂纹状的干粉,那么这瓶疫苗一定是超温融化后再次冻结的,实际已经失效。

◆ 了解繁殖者的基本状况

购犬时,要了解繁殖者的经营宗旨、经营状况、繁殖成果。交谈时,要听介绍是否详尽、客观;对于购买者提出的疑问是否耐心回答,是否具有足够的专业知识;除了推荐买狗,是否有指导性的建议和知识性的介绍;同时要了解他们的售后服务怎样,是否有技术指导,犬的质量怎么保证。如果这个犬场的工作人员令你感到诚实、专业、可信,你完全可以放心买他们的犬,因为这也在侧面反映了这个犬场的水平。

三种不同体型雪纳瑞犬的区别

大型、标准型、迷你型三种雪纳瑞犬,它们属于三种不同的犬种,大型雪纳瑞犬与标准雪纳瑞犬在 AKC 分组中属于工作犬组,而迷你雪纳瑞犬则属于㹴犬品种组。大型雪纳瑞犬外形威武、刚性十足,因此大型雪纳瑞犬常作为看守犬和警犬,而标准雪纳瑞犬则作为看守犬和陪伴犬。迷你雪纳瑞犬则由于体型小、外表酷、对主人忠心且警戒心强而深受大众喜欢,近几十年来一直占据宠物狗排行榜前列。

大型雪纳瑞犬

标准型雪纳瑞犬

迷你型雪纳瑞犬

三种体型的雪纳瑞犬身高的比较

大型雪纳瑞犬
公犬:64.8~69.9 厘米
母犬:59.7~64.8 厘米

标准型雪纳瑞犬
公犬:47~49.5 厘米
母犬:44.6~46.5 厘米

迷你雪纳瑞犬
公犬、母犬:30.5~35.6 厘米

迷你雪纳瑞犬的成长管理

饲养管理必须遵循其自身的发育规律、生理特点进行科学管理,这样才能让狗狗具有健康的心理,健壮的体魄,让其展现出迷人的风采。

初入家门的管理

◆ 准备好用具

准备好狗屋 狗屋的高度要适中,以幼犬能自行爬进爬出为宜,一般只要狗站立时头仰起来碰不到顶,躺下时仍有相当空间即可,但需注意的是成年时所需的空间,不然长大后你又得再准备一个狗屋。如果是金属狗笼则需在底部铺上缝隙很密的底板,以防挂伤狗趾。狗笼要放在温暖平静的角落,必须避开冷风。周围不能存放杀虫药或消毒药水,以防幼犬因好奇而误食。在室内饲养迷你雪纳瑞犬,有些事必须明确的区别,如人用的垫子、沙发椅等不允许狗在上面睡觉,狗不能与人同睡一张床,这是因为如果狗狗患病,有些疾病会传播给人的。因此,狗狗一定要用专用睡垫或狗笼,也可用足够大的硬纸壳箱、木箱代替。

准备好饮食用具 不能用易破碎的陶瓷制品和易生锈的铁制器皿,最好用铝、不锈钢及塑料制品。食盆、水碗要底重边厚,防止吃食时打翻。食盆不能太浅,以免食物四处飞溅。另外,食盆、水碗要表面光滑,易于洗刷。

最初的食物准备 刚到新家时,在开始的1~3天内,由于情绪还未安定,食欲还未完全正常,最好喂以与原饲主同样的饲料,用同样的方法饲喂。所以在带小狗回家之前,应向原主人问清楚小狗每日吃些什么,吃几餐,分量多少等问题。如果不清楚小狗的饮食情况,可喂给小狗少量牛奶或稀粥,应少吃多餐。如果狗狗不想吃也不要过于担心,当其饥饿及熟悉环境后就会吃食了。

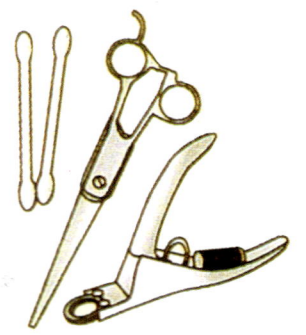

准备好修剪美容用具 毛刷、梳子、趾甲剪等。另外,准备些药用棉、纱布、消毒酒、紫药水等。

◆ 刚进门的特殊照料

将小狗带回家之前要将家里收拾好,要把电源线、易碎品等对小狗有危险的物品藏起来,同时,为了使小狗能够迅速适应环境,尽可能在天气晴朗的上午将小狗带回家。在傍晚以后的移动,会造成小狗的不安。

带小狗回家时,将小狗放在膝盖上,使它感受人体温度,比放在篮子或旅行箱内更能够消除小狗的不安,同时可以避免小狗晕车。

给狗狗一个舒适的家

乘车时,小狗会因为摇晃以及声音嘈杂或各种味道而神经过敏。因此,尽可能放在饲主的身边,并不时和它说说话。为了防止小狗突然呕吐、腹泻等突发状况,要事先准备毛巾、报纸和塑胶袋。

回到家后,首先带它去厕所,将索取回来的带母狗味道的东西和玩具放在它旁边,让它好好的休息一下。暂且忍耐一下,不要去抱它或摸它,等它小睡一觉后,主动来找饲主玩时,才温柔的成为它的玩伴。第一天晚上,小狗可能因为寂寞而吼叫,不必加以理会,只要2、3天后,一切就会改善。如果觉得它可怜而抱着它睡,它就会认为床是它睡觉的地方,从此以后会变得难以调教。

吃饭可以在与以前相同的时间喂食,但只给予一半的量。即使在一开始时会有食欲受到影响的情况,但不久就会恢复原来的食量,然后,再花费一星期的时间,使它慢慢适应新的食谱。另外,环境紧迫容易引起低血糖

症,在刚带回家的 5 天左右,可以在它所喝的水中加入少许蜂蜜。

◆ **替狗狗取一个亲切的名字**

在狗狗来到新家 1、2 周后,和狗狗稍微熟悉后,小狗狗见到你在旁边就会跑过来与你亲热,当狗狗过来舔你的手或脸时你不要喝斥它,因为这是它信任你的一种表现。此时你可以为自己的爱犬取一个好听的名字,爱犬的呼名应亲切、流畅,需记住的是让家人都使用一个统一的名字呼唤它。每次在它进食前叫它几声,这样一周之后,当家人呼叫它时,它就会高兴的来到你的面前。

◆ **初期的疾病预防**

刚刚回到家的小狗骨架尚未定型,体质尚在发育,抵抗力弱,平常只需在室内跑跑或在干净平整的院子里晒晒太阳就可以了。千万不要带到外面去运动,一方面可以避免因运动造成的伤害,另一方面是防止感染其他疾病。

在 3 个月以内且尚未打预防针的幼犬,最好避免洗澡。如果它的被毛弄得很脏或有臭味了,可以用婴儿用的爽身粉喷洒后用梳子清理干净即可。如果脏到非洗不可时,则必须选在晴朗时候,以 40℃左右的温水洗浴,以最快的方式洗净,并马上吹干,整个过程要在 10 分钟内完成。

满 3 个月的幼犬要进行犬瘟热等混合疫苗的接种及病毒性肠炎的疫苗接种。接种疫苗前应彻底驱除体内的寄生虫。注射后 3 个星期内勿洗澡,并避免感冒及其他疾病的发生。

3 个月后打过预防针的仔犬,可以进行适量的运动,但不可过量,以每次 5~15 分钟为宜。

迷你雪纳瑞犬的四季管理

◆ 春季管理要点

春天是狗狗发情、交配、繁殖和换毛季节,也是病毒、细菌和寄生虫的繁殖季节,这个季节要加强对狗狗发情期的管理和寄生虫防治。

对发情公母犬要加强看管,防止走失,防止乱配,还要防止公犬因争配偶打架发生外伤,出现伤情应及时处理。

春季犬换毛时,会引起皮肤瘙痒,狗狗会摩擦瘙痒处,易擦破皮肤发生感染。换毛过程易引起皮肤不洁,容易得疥癣等皮肤病。所以在春季时要注意被毛梳理、被毛的修剪,以保持皮肤清洁和预防皮肤病发生。

春天是犬疾病多发的季节,必须贯彻防重于治的原则。首先对犬舍和运动场所要彻底清洗并进行消毒;定期对犬进行驱除内、外寄生虫。此外,还要接种狂犬病及犬瘟热、犬细小病毒等疫苗。

◆ 夏季管理要点

夏季是犬最易患病的季节。夏天空气潮湿,天气炎热,一定要注意防暑降温,预防食物中毒。

夏季犬处在高温高湿的环境中,由于犬汗腺退化,散热较困难,夏季较易中暑,所以犬舍要选择通风良好、比较阴凉的地方。在高温季节还要经常给犬洗冷水浴。要避免犬在烈日下活动,一般在早、晚外出散步。

夏天狗狗的饲料易发酵、变质,特别是南方的梅雨季节很容易引起食物中毒。所以喂犬的食物要新鲜并加热调制;喂量要适当,不要剩余;对发酵变质的食物要倒掉,一定不能再让犬食。

夏季是蚊、蝇、跳蚤及虱子孳生季节,要做好防蝇、防蚊和灭虱工作。

要根据不同季节进行针对性管理

◆ 秋季管理要点

秋季是狗狗舒适、快活的季节,是犬类新陈代谢最为旺盛的季节。为了增加体脂储备,准备过冬,狗狗的食量大增,变得异常活跃。因此秋天应给予营养价值高的食物,以消除夏季疲劳,为过冬做好准备。

由于气温变凉,此时也是犬脱夏毛、长冬毛的季节,应及时注意梳理和清洁,以促进冬毛的生长。

秋天也是犬的发情、交配、繁殖季节,其管理方法基本与春季相同。

根据犬类秋季的生理特点,在管理上除了春季管理的三防外(防乱配、防走失、防斗伤),要多梳毛,还要防感冒,因为秋季气温下降,早晚较凉,昼夜温差大,犬易受凉感冒。

◆ 冬季管理要点

冬季气温寒冷,要注意防寒保暖及进行日光浴,预防冬季呼吸道病和风湿病发生。

冬季管理首先要抓好犬舍的防寒保暖。将犬舍搬到向阳背风的地方,并在犬舍入口处挂上布帘,防止寒风串入;二是垫褥要厚些,并应勤换和日晒,以保持干燥;三是防贼风侵袭,堵好北壁破洞,关好北窗,晴天还要注意适当开窗通风,保持犬舍空气清洁新鲜,减少氨气,预防呼吸道病的发生;四是天晴日暖的时候,要带犬外出活动,晒日光浴,以增强体质,提高抗病能力。晒太阳不仅可取暖,紫外线有杀菌消毒作用,并能促进钙质吸收,有利于犬骨骼的生长发育,防止仔犬发生佝偻病。

在寒冷的气温下会引起犬体内热能的大量消耗,因此,冬天的饲料搭配中,应少许添加油脂、内脏、牛奶及含维生素 A 及脂肪成分较多的食物,这类饲料可迅速补充热量,增强犬的抗寒能力。

迷你雪纳瑞犬的营养标准

蛋白质、脂肪、碳水化合物这3大营养物质对于狗狗来说是极其重要的,维生素、矿物质对狗狗的健康也是不可或缺。同样的这些物质,它们所要的数量与人类大不相同,营养物质摄入过多或过少都会给身体健康带来影响,因此我们应该对此有足够的了解。狗对蛋白质的需求量,约为人类的4倍,蛋白质是形成血液及身体组织、能量的主要成分之一。狗对于脂肪的需求量比人少得多,当摄入脂肪不足时,常表现为体重减轻,毛色缺乏光泽等;而脂肪摄取过量,则容易造成肥胖。碳水化合物也是热量的重要来源,但如果摄取的脂肪和蛋白质已经可以满足需要,所需要的碳水化合物就不多,况且摄入碳水化合物过多也是造成肥胖的一个重要原因。维生素对生长发育平衡起着不可替代的作用,但是狗可以自己在体内合成维生素C,我们应注重给狗补充维生素A、维生素B、维生素D和维生素E。应多喂食含这几类维生素的食品。市售的专用狗食中已配有适量的各种维生素,所以喂专用狗食可不必担心维生素缺乏。从狗

狗的健康着想,给狗服用维生素应该慎重。比如维生素D,若摄取不足或过量摄取,对狗狗的健康都会造成不良影响。

另外,钙、磷、钾、钠等矿物质可以促使狗的机体更具有活力。上述矿物质中钙对形成骨骼具有不可替代的作用,因此必须保证均衡摄入矿物质,尤其不能缺钙。

迷你雪纳瑞犬的喂食技巧

看一只狗进食的模样,就知道主人的饲养方式是否得当。喂食必须在固定的时间进行,地点也应固定不变,喂食量应当固定,避免吃不完或吃得过饱。

可以每天准备一些干净的水,让狗随时可以饮到。

喂食的时候,应该培养应有的规矩,吃得欢是胃口好的表现,但不能允许它吃食时狼吞虎咽,要训练它慢慢进食,一旦吃完必须把食盆端走,别让它有空又过来吃。

不管主人多忙,喂食的时间绝不能随意改变,而且喂食量也不要时多时少。不严格管理对狗的健康很不利,还可能因此出现精神上的负面影响。

吃完后的食盆或吃剩的食物如不及时处理也不卫生,对此也不能大意。

我们应根据它各个阶段的身体状况适当改变喂食的种类和数量,为它制定科学的食谱。

狗的食物供应有三种方式:喂自己家做的、喂专用狗粮及两者结合。喂自己做的要达到营养平衡比较困难,但通过亲手配餐可以得到许多乐趣,

喂专用狗粮的好处是方便、省时且能保证狗的营养。可以根据每个家庭的具体状况和经济能力采取喂食方式。

2个月大幼犬的健康护理

幼犬的生活要有规律。喂食要定时、定量,营养要平衡。不能让幼犬养成挑食的坏毛病而导致营养失调。要注意防止维生素过多症(特别是维生素A或D)或钙质缺乏症。严禁喂食变质食物,每次喂食最好将食盆洗净,这样可防止拉稀或食物中毒。要密切注意观察幼犬的大小便状况,判断是否正常。大便次数一般随犬龄而变化。1月大犬每天数次,到2月大时平均每天3次左右。大便的次数同食物的种类有关:如喂食肉类加米饭时,粪便量和次数就少些;喂食的淀粉性食物多时,次数和量就比较多。要注意幼犬大便的颜色、气味和有无虫体等。正常粪便呈条状,软硬适度,通常呈微黄色。但也受食物的影响，如肉食多或喂些肝脏时，粪便一般发黑。小便次数也随犬龄而变化。1月大犬，约2小时一次，2月大犬每天约5~6次。

尿呈淡黄色且清亮透明为健康。早晨第一次撒尿，颜色稍深些，但要是发现尿液颜色一直较深，就要怀疑是否生病，最好到动物医院进行检查。每月最好到动物医院进行一次体检，化验大、小便，必要时驱除肠道寄生虫。注意：要找信誉好、设施条件好的动物医院。

幼犬怕冷，因此不管是冬季还是夏季，都要注意做好幼犬的保暖工作。不要让幼犬的腹部长时间着地，这样易着凉，引起拉稀或感冒。

狗狗在5个月以前都不宜牵到马路上散步。由于幼犬的骨骼未发育完全，长时间走路可导致四肢骨骼变形；同时在外面又极易感染疾病。可以在室内或庭院进行适当玩耍、运动。当太阳光不是太强烈，室外温度不是太高时，幼犬晒晒太阳，进行日光浴，有利于骨骼生长。

2个月大的幼犬，应当可以开始进行良好习惯的教育了。首先给犬仔起个好听的名字，经常叫它的名字，让它知道这么叫就是叫它，建立起条件反射，使其招之即来。定点大小便的习惯教育也可以开始了。虽然4个月大之前的幼犬还不会憋小便，有尿就尿，要到4个月时，才能撒大泡尿，但可以逐步教它了。

预防注射非常重要。出生后2个月时，从母体带来的抗体已几乎消除，此时各种病毒性疾病有可能发生。

因此，最为重要的是先接种犬瘟热、犬细小病毒和传染性肝炎等疫苗。疫苗注射后大约2周才能产生抵抗力（抗体）。在2个月左右时，如果还未能接种疫苗，又正当疫病流行

或有可能被感染时,可以直接注射抗该种病毒的血清,直接增强机体的抵抗力,待2周后再接种疫苗。

3个月大幼犬的健康护理

这时可以对小狗进行些基础教育了,事先要让它养成良好的进食习惯。小狗进食时特别是吃狗粮时常常边吃边玩,如果发现它在进食时突然停下来去玩,马上把它的食盆取走,并让它看到,一定等到下一次喂食时再让它吃,这样几次下来,一般它会变乖了。若它乖乖吃食,可以予以各种表扬。但教育时一定要态度温和,不可过度责骂。

3月龄小狗喜欢从地上乱捡东西吃,有时意想不到的东西也吃进它的胃内,如纽扣、小石子、针、钉子和塑料等。这些异物易损伤胃乳肠黏膜或造成肠梗塞。当发现小狗有剧烈呕吐与腹痛时,应考虑进行X光检查,如确定为梗塞时应及时采取手术等措施,否则会危及生命。重要的是及时纠正乱捡东西吃的习惯。排泄训练要逐渐开始,一般一天喂食3次,大便也常是3次左右。小狗有时由于过分高兴或恐惧而撒尿,这是感情丰富或神经质的表现,一般难以控制,但到成年后可自然消失。主人要注意观察其规律,对其正常的大小便处予以定点。每月一次健康检查,大小便化验。在2月龄注射疫苗后,由于机体免疫机制发育尚不完全,产生的免疫力不足,需进行重复注射,以增强机体的免疫力。3个月大的小狗,必须进行狂犬疫苗注射。

3月龄的狗应及时注射疫苗

4个月大幼犬的健康护理

犬仔出生4个月后,乳齿开始脱落,永久齿开始生长,这时其牙根部发痒,喜欢到处胡乱啃咬,应制止这种不良行为,可以给些骨头或咬骨等。

每日早晚固定2次大便,因为进食较多,量也会逐渐多起来。每次大便完,检查是否跟原来相同。每月进行一次健康检查和大小便化验。

在前两次注射疫苗后,必要时可再加强一次免疫,进行重复注射(根据疫苗使用要求)。

应特别注意的是,随着体重增加,营养需求量增加,要同时保证满足钙质的需要,否则犬仔易患佝偻病,导致四肢长骨变形或关节肿大等,出现"O"形或"X"形腿。中型以上的大犬更应注意观察前后肢有无外形变化。及时调节钙和磷的平衡,经常照射紫外线(晒太阳),并补充维生素A、D、E的不足,犬仔在外的时间不宜太长,一般4个月大的犬不宜经常到马路上散步,以防四肢变形。迷你雪纳瑞犬从4个月龄起应对其进行修饰剪毛,如果是到外面去修饰的话,务必选择条件好、信誉高的美容店,这样可以防止疾病传播而受到交叉感染,因为4月小狗免疫还是非常脆弱的。对于迷你雪纳瑞犬这种硬毛犬,可以在家里自己每天拔下少许的被毛,以促其生长。

4个月的狗狗应特别注意是否缺钙

4月龄的犬仔,每月可以洗两次澡,但一定要防止着凉,受到刺激。在耳朵整形手术中,对竖耳效果不理想的耳朵,可以用塑胶板贴于耳内进行矫正治疗,也可采取其他办法。

5~7个月大的健康护理

5个月的犬还是喜欢胡乱啃咬东西,要对其破坏行为及时制止,同时给以一些咬骨让它磨牙。犬仔偶尔可能出现随地大小便,这可能是由于某种精神上的要求得不到满足,如主人经常不在家而感到寂寞,或者是被严厉责备后,在精神上受到打击,使犬产生"赌气"行为等。这时不仅要对犬进行严厉的训斥,同时要考虑犬的要求是否能到得满足,进行改进,共同来改正这种坏毛病。当然做到事前预防和处理是最好的训练方法。6个月时是犬仔胡乱咬东西的高峰。此时犬的乳齿脱落,长出永久齿来。以后,啃咬习惯将会缓和。在此之前,养成不乱咬东西的习惯,将大大减少主人的损失。

因此,一定要教育小狗懂得什么事情可以做,什么事情不可以做。5个月的小狗通常每天早晚2次大便,以后可以随着其不断长大,减少到每天固定一次。5月大时,还是不要经常带它去马路上散步,可以防止感染疾病。让犬仔在阳台或庭院中,给它一些玩具,比如皮球、人造骨头等,让其自由玩耍和运动。

应准备咬胶等玩具让狗磨牙

当达到6月大时,就可以给犬带上颈圈,系上拉绳到户外进行散步了。

刚开始散步,不少犬胆子小而不愿走。先将它抱出去找个安静的地方呆一会儿,然后让它走回来。这样经过几次,习惯之后,它就愿意出走散步了。

散步时间,早晚各一次为宜,一般每次散步时间,迷你型 10 分钟,标准型 20~30 分钟,大型每次 1 小时即可。当养成散步习惯后,犬会把散步当成一种乐趣和生活所必需的一部分。一旦主人稍有懒散不带它出去散步时,就可能引起机体功能紊乱,如有的犬出现食欲减退、大便秘结或撒不出来尿等不良反应。因此,带犬散步是主人的责任。

外出散步时,还应防止乱捡东西吃而引起食物中毒。另外散步的机会多,接触外界病源的机会也多,应注意防止寄生虫、细菌和病毒的感染。有时还容易同其他犬打架被咬伤或异物扎伤等。随犬的年龄增长,力气也加大了,特别是标准型和大型的雪纳瑞犬,在散步时往往拉着人跑,应给予纠正。

这个阶段建议仍然每月到医院进行一次例行的健康检查,5 月大的狗,容易感染的疾病有感冒、胃肠炎和犬瘟热等。6 月大则易患感冒、胃肠炎、犬瘟热、传染性肝炎以及寄生虫病、软骨症等。但到 4 个半月以后的犬,机体抗病力逐渐增强,疾病会逐步减少。5 个月的犬,每月可洗澡 2~3 次。以后洗澡的次数可增多一些,夏季 1 周可洗 1 次。

7~18 个月大的健康管理

7 个月至 1 岁半左右,是狗儿的青春时代。这个时期会决定饮食和其他的习惯,也可以开始进行高难度的训练。此时,狗的身心都会迅速成长,是十分重要的时期。10 个月左右,肌肉逐渐增加,形成年轻狗特有的体格。在 8 个月至 1 岁左右,母狗会有第一次发情期。公狗的成熟期比母狗稍晚,但从它的行动和态度上,已经可以发现明显的变化。在这个时期,身体已经长大,但还没有完全成为成犬。在 1.5~2 岁左右,才开始加入成犬的行

列。这也是母狗初产的最佳时期。3~4岁时,精神十分平静,是能力发挥最佳的时期。

母狗在8~10个月时,可能出现第一次的发情,之后约以6个月为周期发情。母狗发情约持续3周左右,发情期毛色的光泽变佳,食欲稍差,排尿次数增加等都是发情的象征。在准备怀孕时,会有出血现象,持续10天左右。10天以上,阴部肿胀至平时的1倍以上,出血的颜色也逐渐变淡。一般认为,11~13天是交配的最佳时期。在出血结束后,仍然会持续发情,随着发情期逐渐结束,身体也恢复原状。

通常,狗会自己将出血舔干净,加以处理。饲主也可以为它准备狗专用的生理用品。

当公狗的生殖能力成熟时,就会在态度和行为上出现明显的变化。在小狗时,公狗也像母狗一样排尿,但在和母狗第一次发情期大约相同的时期,公狗排尿时,会开始翘起某一侧的后腿,这就是它成长的象征。从这个时期开始,公狗会有强烈的地盘意识,经常用尿到处留下自己的"足迹"。在路上遇到其他公狗时,也会相互吼叫,甚至可能打斗。另外,还会爬到人或周围的东西上。母狗只有在发情期会接受公狗,但公狗却没有像母狗那样明确的发情期。

在性方面成熟后,公狗在受到发情母狗的味道刺激时,就会发情。也就是说,公狗随时都可以交配。

每天一定要让它好好运动一次。对这个时期的狗来说,运动十分重要。在不断运动的过程中,可以锻炼腰、腿,成为一只健康的狗。而且,也有助于建立狗和饲主之间的亲密关系。

为了培养狗的社会性,使它熟悉人群和噪音,每天可以在清晨或傍晚,带它外出。如果是在室内饲养,也要带它外出。在运动时,要同时进行自由运动和牵绳。

成年犬应每天保持适宜的运动

自由运动就是在庭院、公园或河边等户外宽敞的地方,丢球让狗去捡,利用它的运动能力,使它全速奔跑。牵绳的运动量要控制在狗感到满足,却又不会疲劳的程度,通常在3千米左右。可以利用较长的狗链,使它绕着人身边跑,观察它的跑步方式和身体肌肉的情况。在和狗建立密切的沟通后,可以用自行车帮它练习快速的牵绳运动。如用左手拿狗链,慢慢骑自行车,并注意不要使狗碰到自行车。

◆ 注意饮食,创造优美的体形

饮食必须以高品质的成犬用狗食为主。满6个月后,一天吃2~3次,满8个月后,就可以每天早晚各吃一次。满10个月后,体格形成时期大致结束,逐渐进入充实身体各部分的时期,直到3岁为止。可以在注意身体状况和运动量的情况下,调节饮食,使体重维持标准,避免过量摄取。

◆ 妥善运用狗食

喂高品质的专用商品犬粮通常不用再喂其他添加剂

狗食大致可以分为综合营养型和美食型两种。综合营养型是主食,结合各种材料,调整成分,含有所有的必需营养。美食型是充分运用材料制成,是副食。

以水的含有量进行分类,可以将狗食分为三大类。含有10%左右水分的干燥狗食其营养分配十分理想,方便保存,价格也很便宜。虽然在美味方面稍微有所不足,但对牙齿有

帮助。含有20%~30%水分的半湿狗食是以肉为中心的半生半熟型狗食。容易入口,营养也不输给干燥型狗食,但保存性较差。罐装狗食含有60%~70%的水分。狗很喜欢这种生鲜的狗食,但价格昂贵,营养较差。打开后,一定要在当天吃完。市面上有各种不同种类的罐装狗食,配合狗的不同成长过程。

当成长趋于稳定后,就可以喂以成犬用狗食,但不同犬种的必需热量不同,所以,狗食的成分会有所调整。另外,还有怀孕、授乳期用、减肥狗食、老年狗食等,以及用于调教和点心的零食、强化营养的营养辅助食品。可以根据狗的生活情况,选择适当的狗食。有些食品不能喂给狗吃,虽然狗习惯吃杂食,但有些食品会对狗产生不良影响。当大量摄取洋葱时,会引起中毒,导致血尿和黄疸症。生笋也会引起中毒。鱿鱼、章鱼、虾、螃蟹等会造成消化不良和呕吐。鸡和鱼的骨头很细,咬碎断裂处很尖锐,会伤害消化器官。辣椒、姜、胡椒等也要特别注意,会刺激肠胃,对肝脏和肾脏造成负担。盐分也是不良食品,吃甜食会造成肥胖,使皮肤病不易痊愈。

老年狗七八岁以上的健康护理

7~8岁时，已经进入了老年狗时代。为了使狗能够充实的度过年迈岁月，饲主必须为它创造一个舒适的环境。随着年龄的增加，狗渐渐的会一直待在自己的窝里。须将狗在室内的玩耍空间、狗屋等保持清洁。就像在小狗时代一样，要注意冬暖夏凉，在户外饲养时，也要让它进入家中，和饲主家人一起生活。

在7~8岁时属于初老时期，10岁后，就被视为老年狗。老年狗的健康管理不同于成犬，必须以维持健康为首要目的。每天有规律的运动虽然十分重要，但运动量要控制在不会消耗体力的程度。当狗变老时，如果它懒得动，就不必勉强带它外出。夏季时，要注意防热，傍晚时，地面还残留着白天的热气，因此，要让狗在凉爽的清晨外出运动。狗变老时，毛皮会逐渐失去光泽，但只要注意护理，就可以保持较理想的状态；每天都要用梳子和刷子仔细清洁。除此以外，牙齿也会变脆弱。越是吃软食的狗，牙齿越容易长牙石，牙龈容易发生炎症，牙齿松动，严重时还会掉牙，发生口臭。应该及时去除牙石；只要从小狗时代，就养成去除牙石的习惯，就不会有这类问题发生。随着年龄的增加，对外界的刺激也变得迟钝。随着身体机能的衰退，会出现皮肤病和眼睛疾病等各种症状。饲主对狗的健康会越来越担心，但应该努力爱它，使它能够活得更久，活得心情更愉快。

同样是老年期的饮食，在初老时期和往后的饮食内容大不相同。7~8岁时，饮食不需要有太大的改变，但随着年龄的增加，消化吸收能力逐渐衰退，因此，要喂以容易消化、高蛋白、低热量的饮食。

食量可以根据老年狗的情况而加以调整。当食量太少时，不妨一天增加2~3次。可以喂以老年狗专用的狗食,但其中一些狗食的蛋白质极低,因此,需要特别注意。

10岁以后,牙齿会掉落。要少吃硬质的食物,在喂干燥型的狗食时,要佐以热牛奶或汤。喂现成的狗食时,营养方面不会有太大的问题,但如果是饲主自己亲手制作,要注意脂肪量的控制。当摄取过量脂肪时,会导致各种机能障碍和肥胖。另喂以肉类时,要切成容易入口的大小。

经常换水,使它能够随时喝到新鲜的水。酷暑季节,食欲会大幅下降。喂食时,只给予它能够吃完的量,残留下来马上会变质,因此,要记得收拾干净。可以让它在比较凉快的时候用餐,努力增加它的食欲。

选择了养狗,就要对它一生负责

迷你雪纳瑞犬的训练

当狗狗有3个月大时便可开始进行训练了。进行系统而科学的训练可不同程度改善神经类型,让狗狗养成良好的行为习惯。

训练的基本方法

机械刺激法 机械刺激法是利用机械的手段,迫使犬做出一定的动作的方法。例如,领犬外出时,有的犬喜欢在主人前面乱走乱跑,有的喜欢在后面跟着走,这样不便于主人的掌握与指挥。为了把犬控制在自己身旁,给犬上牵引带,使它不能超前和落后。通过牵引带的机械刺激,使犬养成在左侧与主人并排前进的习惯。

食物刺激法 食物刺激法是以食物来刺激犬做出一定动作的方法。它可使犬愿意执行、完成动作,同时也可用来巩固条件反射。此法运用得当,可使犬积极参加训练,很快学会所教的动作。但是奖食不能过分,否则影响训练效果。

训练小锦囊

诱导

诱导就是在训练中利用食物、物品、自身行为以及其他因素,诱导犬做出某些动作,借以建立条件反射的一种手段。此法能引起犬的食欲兴奋,尤其是犬爱吃的食物。由于这种刺激是主动的,犬做出的动作就自然活泼,愿意执行。

机械刺激和奖励相结合训练法 这种方法是训练中最常用的方法。在训练中,当犬按主人的要求准确地做出一定的动作时,如能得到主人的奖励(给犬爱吃的食物或抚摸等),则等于告诉它主人希望它这样做,也是鼓励它继续这样做,并巩固这一动作。单独使用机械刺激法训练时(如急拉牵引带),只是采用一定的外部的、生硬的方法,犬对这一动作的接受就是勉强的。如果将机械刺激法与奖励法相结合,奖罚分明,可使犬知道干什么,不该干什么。

摹仿训练法 摹仿训练法是利用训练有素的犬的行为去影响或带动被训练犬的一种方法。如把需要训练的迷你雪纳瑞犬和训练有素的迷

你雪纳瑞犬放在一起饲养,使彼此熟悉后带到训练场地,让它向训练好的狗狗学习摹仿。

训练的注意事项

训练持之以恒 训练必须坚持不懈,每天不必安排太多时间,但要不急不躁地逐步进行。在训练时,主人必须保持良好的精神状态,如果主人每天精神饱满地训练它,则犬也会显得很兴奋。如果主人无精打采,狗一定会敏感地察觉你的这种情绪,也变得懒洋洋的。但是对一项训练如果安排的时间过长,犬也会觉得厌烦,会失去新鲜感而不会太专注学习。

训练小锦囊

强迫

强迫是使用机械刺激和威胁音调的口令,迫使犬准确地做出动作。强迫的方法主要用于每一个训练科目的初期,即为了加强形成条件反射,在初期使用,或在外界诱因的影响下,预定科目进行不下去时使用。

表扬为主斥责为辅 犬按照主人的命令完成了某一动作并受到你的褒奖时,它会表现出超出我们想象的喜悦和满足。所以我们应当更多地对它进行表扬和鼓励,并把其当做训练教育中的基本原则。叱骂过多会使犬变得迟钝。如果照一次叱责九次褒奖的比例来对待,多给它一些表扬鼓励的话,狗就会表现出越来越强烈的学习热情。

及时斥责当场褒奖 当狗做出什么不该做的事时,须及时训斥几句,如果过了这一阵再斥责,它就已经记不起自己是因为什么事挨批。奖赏它时也是如此,如果过了这个时候,可能达不到褒赏的目的。

训练小锦囊

禁止

这是为了制止犬的不良行为而采取的一种手段。它是用威胁音调发出"非"的口令,同时与强有力的机械刺激相结合使用。如犬随地捡食或追逐咬人时,就应发出"非"的口令,同时结合使用强有力的机械刺激加以制止。

声音与手势配合 当犬做了什么不应该做的事时,要叱它一句"不准";而当它按照主人命令执行了以后,要夸它一句"真棒",并摸摸头,拍拍身子以示爱抚。这些基本口令应短促、易分辨,一旦选定应统一。与此相对的则是用手势明确无误地显示主人的态度。例如在发出"不准"这个叱责性声符的同时,可以用摊平的手掌面对狗的眼部,呈制止手势对它进行警示。如果这个动作仍无法使它领会,可以伸出手掌在狗的鼻部轻轻点它几下。其他制止性动作诸如用报纸卷成长筒状轻轻敲打几下等等也很管用,但要注意不能打得过多过重,过于严厉的体罚可能对有些悟性较强的狗的性格造成损害。

训练小锦囊

奖励

奖励是为了强化犬的正确动作,巩固已培养成的能力,调整犬的神经状态而采取的一种手段。奖励的方法有给食、抚摸、准予散游和表扬等。一般在科目训练的初期,为了使犬迅速形成条件反射及巩固所学会的动作,都应采用给食、抚摸为主,结合表扬给予奖励。

训练态度要统一 在对它的教育训练上训练者采用统一的口径。当然,最好指定一个人主要负责对它训练;但必须统一掌握在什么情况下斥责它,什么时候褒奖它。对它作出的某一件事,如果有人态度暧昧,有人却出来斥责,它就会很迷惑,搞不清这件事到底是对还是错,该做还是不该做。

应对犬进行科学而系统的训练

服从科目训练

◆ 随行训练

随行训练是让它根据你的指挥,靠近你的左侧并排前进,并保持在行进中不超前、不落后的正确姿势。训练时,先在清静平坦的环境令犬游散一会儿,用左手拉住牵引带,唤犬名引起犬的注意,在发出口令"靠"的同时,用左手把牵

随行

引带向前拉,以较快的步伐前进,每次行走 100 米左右。当犬出现超前或落后时,立即发出"靠"的口令给予纠正,并拉牵引带一次,给犬以刺激。为了形成犬对手势条件的反射,可用右手拉着牵引带,并放长些,当犬一旦脱离正确位置时,在发出"靠"的口令的同时,用左手拍一下自己的左大腿,这样反复多次训练,即可形成条件反射。当犬能不用牵引带而根据口令正确地随行时,可进行变换速度、方向的训练及较复杂环境中的训练。当犬受到新异刺激不执行口令时,即向它发出威胁音调的口令,并配合以猛拉牵引带的刺激来纠正。

◆ 前来训练

前来

前来是犬根据你的手势和口令,顺从地来到你左侧坐下的能力。训练时,先唤犬名以引起犬的注意,然后发出口令"来",右手做来的手势,左手向左侧平伸,随即自然放下,同时左手拉训练绳并向后退,以使犬前来,当犬来到你面前时,应及时奖励,这样经过多次训

练,犬即可按口令前来。在初期训练时,在施口令的同时应拉扯牵引带施以机械刺激。

但应注意,有的犬往往听到口令或看到手势而不来,此时主人一定要耐心,想法采取一切足以使犬兴奋的动作,如后退、拍手和向相反方向急跑等,促使犬前来,切不能用突然的动作去抓犬或追捉,否则会使犬受到影响。有的犬受到新异刺激后,不但不来,反而到处乱跑。此时应抓住训练绳,并用威胁的口令,右手做前来的姿势,令犬前来,当犬来到身边时,应及时奖励。

站立

◆ 站立训练

站立是培养犬根据指挥迅速做出站立动作,并具有站立延缓能力,以便于管理和使用。

首先,培养犬对"立"的口令形成条件反射。犬主将犬牵到较清静而平坦的地点,右臂自然地由下而上向前平伸,掌心向上,令犬坐下。犬主右手握住犬的脖圈,左手伸向犬的后腹部,在发出"立"的口令同时向上一托,使犬站立起来,当犬站立后,应及时给予奖励。如此反复训练,直至犬能做到一令一动为止,以后的训练可结合手势并逐渐延伸指挥距离。

接着培养犬站立延缓的能力。其方法是:令犬坐下,犬主距犬一步远,以口令和手势指挥犬站立,如犬不立,可使用威胁音调发出口令,并伴以机械刺激。直至犬能离犬主20米以上站立并延缓5分钟左右,本科目就算达到要求。

◆ 坐下训练

训练时犬主用左手握住牵引带,将犬引导至自己对面,让犬站在主人左侧,接着发出口令"坐",同时用右手上提牵引带,左手按压犬的腰部,迫使犬坐下,当犬坐下后,立即给予奖励,通过反复训练后,犬就能养成坐下的动作。

坐下

训练初期只要犬能在5~10秒钟内坐着不动,就应立即奖励,以后逐渐延长时间,采取边巩固边提高的办法,达到3~5分钟。在培养坐姿延缓的同时,要逐渐延长与犬主的距离,直至离犬20米以外隐藏起来仍能坐着不动。

◆ **衔取训练**

衔取是鉴别、追踪、搜索"猎物"的基础,培养犬听指挥将物品衔取交给犬主的能力。

训练前,应给犬系上一根又长又牢的训练绳。令犬侧坐,扔出物品,衔取物一般采用犬较喜欢的碰铃,有时也选用一块木头或手套,或一些类似物。下令"衔",口令的音调富于启发性,这时你要握住训练绳的一头,让犬冲向衔取物,并衔起来。当犬衔好以后,轻轻地拽训练绳,引导犬回来,同时你要向后退。当犬接近你的时候,你可以突然停在犬正前方,下令"坐"。让犬再衔一会儿,注意犬衔的动作。下令"吐",用两只手从犬嘴里接下衔取物,注意要用一只手握衔取物的一端。

衔取

下一步就是摘掉训练绳,令犬侧坐,将物品扔到10步以外,下令

"衔"。如犬听从命令将物品衔来在你的对面坐下,必须牢牢记住:在令犬吐下物品以前要让犬衔一会儿;犬吐下衔取物以后再过一会儿才能令犬侧坐;不要忘了奖励犬。

当然,还可能会出现一些问题,如犬衔着物品向你走来,但不靠近你,在离你还有一段距离时拒绝向前走,若出现这种情况,你立即向后退,鼓励犬向前走。若犬将物品吐在你的脚下,你须重新将物品放到犬的嘴巴里,同时下令"衔住"。

在衔取训练中,必须十分小心,以防产生不良联系。你惩罚犬乱吐物品,它会认为你是处罚衔取这个动物,而不会理解为乱吐的行为。因此在整个的衔取训练中,惩罚只会带来相反的效果。

跨越障碍训练

◆ 跳跃栅栏架

栅栏架宽为 120 厘米,高为 75 厘米。跳跃的动作要领是:让犬站在栅栏架的一边,然后指挥犬跳过栅栏架,犬跳过去以后仍要保持站立的位置。你再走到犬身边,将犬牵走。口令是:"跳"。

训练时应首先令犬侧坐,给犬系上训练绳。栅栏架的高度开始训练时一般以 0.3 米高为宜。开始训练时,你要与犬一起跳过去。一般是你先跳,同时下口令"跳",再牵引犬跳过去。接近木架时的速度不要太快,否则,在越过障碍前犬就冲上去而自己碰伤自己。犬通过障碍后要很好地给予奖励。过一会儿,再重复此项训练。对此课目,犬在初期极易疲劳,故你有必要在犬跳踩 4~5 次以后休息一下。每天要进行几次训练,以增强犬的体质。

跳栅栏

当犬毫无困难地越过较低的栅栏时,就可以增加栅栏架的高度了。持牵引带的方式以不妨碍犬的前进为准,因此不要抓得太紧。当犬越过栅栏以后不要忘记奖励。在犬跳过栅栏架以后要令犬站在原地,立好,等待带走。

以后,可以渐渐地增加栅栏的高度,直到犬能跳过的合适的高度为止。最终的高度据犬的体力以及自己的直感而定。当犬能较容易地跳过栅栏,牵引带就可以去掉了。但是不要毫无把握地过早地摘除。摘除牵引带的训练要在你确实有把握时再干。必须记住:在犬跳跃栅栏前要下口令"跳",犬跳过去以后,须令犬站立在原地,然后你前去系上牵引带,引犬随行离开,这才完成了这个训练。

◆ 跨越长跳板

长跳板

长跳板这种器材是由四五块跳跃组合板的木材排列,中间有孔隙,宽为 120 厘米,距离为 120～150 厘米。动作要领:犬将以穿越的方式从上面跳过去。与前一个课目一样犬从上面窜过去以后,须站立在原地。口令是"过",训练开始时,引犬来到栅栏架群前站定,令犬或引导犬跳跃。当你与犬一起通过或令犬通过时,你不能跨在第一个长跳板上。当犬跳过去以后,仍须保持站立,你走上前去,引犬随行下,结束训练。

训练开始时应给犬系上训练绳,跳跃的距离不应过长(长跳板的件数少一些),其长度依犬的体型与体力而定。对于供跳跃的长跳板排列以 0.80 米为宜,长跳板的高度也可以在 0.2～0.3 米之间。

当你领犬来到障碍跟前,下令"过",同时鼓励犬跳跃。一定要使牵引带完全松弛,如太紧会妨碍犬前进,也会使犬跳不到长跳板的那边。若犬跳得很顺利,要给予充分奖励。然后令犬站在障碍的那边,过一会儿,上前让犬侧靠。然而,犬跳跃有困难的话,可再试一次,这次要有较长的助跑。若再次失败,则需要缩短长跳板群的长度,重新训练。

随着训练的继续,逐渐地增加长跳板的数目,直到估计到快要失败为止。迷你雪纳瑞犬是相当敏捷的,而对于犬能跳跃的实际距离可凭你的直感而定。

当你用牵引带引导犬顺利跳跃时,可以摘去牵引带,重新投入训练。继续与犬一起跑向长跳板群,停在起跳的位置,以后就与先前的训练一样的方式进行、结束。

犬摘掉牵引带而不费力地穿越长跳板群,你就可以在长跳板的侧面跳同时令犬跳。无论你带犬跳还是引犬向前跳,你都必须在犬跳过去以后,以随行的方式离开。以熟练的有规律的方法训练,以及在训练中要有必要的控制,在所有的训练中都是相当重要的。

通常犬能借助于弹跳力越过长跳板,但要碰一下其中一个跳板,换句话说,就是犬跳得不是足够高。如果出现这种情况,你可以提高栅栏群中间的一个跳板的高度。这不仅可以提高犬跳跃的高度,而且可以延长犬穿越的长度。

在犬疲劳和厌倦之前就应中止训练,一般在进行 4~5 次穿越以后,就应中止训练或改训其他的课目。

◆ **跳跃小板墙**

小板墙高度以 30~40 厘米为宜。训导员牵犬一起跑向小板墙前,发出"跳"的口令,自己跳过去的同时将牵引带向板墙上方提,促使犬跳过,如果犬跳过去要给予奖励,同一时间内重复训练 2~3 次。也可利用食物或能引起犬兴奋的物品加以引诱,并结合口令、手势指挥犬跳跃。在犬跳过板墙后要令犬立好,然后牵走。当犬能自如地跳跃时即可增加板墙的高度。

◆ **穿越管道训练**

管道为硬隧道和软隧道两种。

钻布袋

硬隧道 穿过由塑胶制成的,可以自由伸缩的蛇腹状筒中。练习时,可以先从较短的隧道开始练习。硬隧道直径 60 厘米,长 360 厘米。

软隧道 入口处是固定形状,之后是柔软材质制成,因此垂在地面,无法看见出口。练习时,人可以将出口处撑开。软隧道全长 390 厘米,高 60 厘米。

首先牵犬到距离管道 2 米处,令犬坐下,而后犬主走到管道的背面,将训练绳的一端通过管道拿在手中,唤犬前来或以食物和物品加以诱导,当犬跑到管道跟前,即发出"钻"的口令,同时收拉训练绳。犬如能

钻隧道

穿越而过就及时加以奖励。这样反复训练几次,就可单独使用,用口令和手势指挥犬穿越。

在训练中须注意:一是在使用强迫手段进行训练时,为尽快消除犬对障碍物的被动防御反应,每完成一个动作,即应对犬充分奖励。二是在同一训练时间内,次数不宜过多,要以顺利通过结束,绝食后不能进行训练。三是训练中应注意安全和加强保护措施,以防止事故发生。

◆ **其他障碍训练**

蛇 行 道　在排成一列的栏杆之间蛇行。栏杆的高度为 100 厘米,间隔 50~65 厘米,根数为 8 根、10 根、12 根。

步道桥　将三块狭窄的木板组合成步道桥,使狗在上面走过,桥上也有接触点。步道桥高 120~135 厘米,长 360~420 厘米。

钻轮胎

轮　胎　用四个螺丝将轮胎固定,狗必须跳跃穿过轮胎中间。轮胎直径为 38~60 厘米。

跷跷板　站在跷跷板的一端,从另一端走下来,有接触点。跷跷板宽 30~40 厘米,高 60~70 厘米,长 365~425 厘米。

迷你雪纳瑞犬的美容

迷你雪纳瑞犬需经常拔毛与美容修剪,不然狗狗全身会乱糟糟的,看上去像只"刺猬"。

梳理被毛

保养狗的毛皮就是每天梳理毛皮，梳刷可以梳通打结的毛发，刷除断毛和污垢，并给予皮肤适当的刺激，促进血液循环。这有助于发现毛皮的状态以及是否有受伤或皮肤病等疾病。可以从小狗时代就养成梳刷的习惯。

梳理体毛应从狗的下部开始，先完成局部的梳理，再慢慢向上部扩展，最后梳完全身。要先逆向将毛梳起，然后再对毛进行顺向梳理，这样可以把大块的脏物和皮屑清除干净，使毛发更加整齐；如果遇见打结的毛块，可以先用手慢慢掰开后再梳。对已经结成球的毛团，梳理前必须用剪子剪掉。

清洁牙齿

养在家中的狗狗，我们必须定期帮它们刷牙，以免狗狗患牙周病、牙结石甚至是蛀牙。市售的洁牙产品，例如液体的洁牙剂，防蛀饼干、洁牙膏，多多少少都可以降低牙结石堆积形成。但是最好的方法，最有效的维持，还是得靠你帮狗狗定期刷牙。

你可以在洗澡的时候，顺便帮狗狗刷牙，慢慢让它适应刷牙的感觉。狗狗刷牙的时候不能使用人类的牙膏，狗狗专用的牙膏效果更好。替狗狗刷牙可用狗狗专用牙刷（毛质较硬）先刷过一遍；然后，用套指牙刷（毛质较软）再刷第二遍。

刷牙工具：狗狗专用牙膏、狗狗牙刷（可用一般牙刷代替）、套指牙刷、涂抹式洁牙膏

正确的刷牙步骤：

A.先使用一般牙刷（或狗狗专用牙刷），在牙刷上面涂抹狗狗专用牙膏。

B.缓缓接近狗狗，让它看见你手上的牙刷，尽量安抚它不安的情绪。

C.用食指与拇指撑开狗狗的嘴巴,不要太用力,可让狗狗牙齿露出即可。

D.刷牙的时候,一只手要轻轻撑住狗狗的下颚,另外一只手拿着牙刷轻轻刷。

E.狗狗脸颊两侧的牙齿都要刷到,在换边刷牙的时候,动作也不能太过粗鲁。

F.接下来使用软毛套指牙刷。将套指牙刷套入食指后,再涂抹一次狗狗专用牙膏。

G.这一次除了刷过之前刷过的地方外,前排牙齿还有牙齿内侧的地方也要刷到。

修剪趾甲

趾甲若太长,会令它行动不便,若等到狗狗的趾甲已经长到内弯,倒插到狗狗的肉垫里面时,那非常疼痛。趾甲可以10天剪一次。建议在每一次洗澡之前帮狗狗剪趾甲,剪完之后顺便洗澡。

剪趾甲的正确姿势 用一个确定狗狗不会乱动的姿势,先稳定住它的情绪。当你剪狗狗的右前脚时,你与它面对同一方向,先用左手绕过它的背部,再从双前脚中间穿过,握住右脚前端,这时,它的重心自然会靠在你的身上,趁机用右手替狗狗剪趾甲。

趾甲不能剪太短 首先评估可剪区域,算准狗狗的趾甲可以修剪到什么程度。灯光下目测透明白色环:唯一让狗狗不会趾甲流血的办法就是凭经验目测,在灯光下辨识出狗狗趾甲的血管区。将狗狗的脚前端抓起,仔细地看狗狗的趾甲,你会发现趾甲其实分成前、后两端区块。在此两端区块中间,会隔出一圈透明白色的环。每次在剪趾甲的时候,只要把前端区域剪掉即可,因为一越过那块白色透明环,就是血管区,一剪就会流血。

剪流血了的应急方法 万一不小心剪到狗狗的血管,就要立刻帮它止血。最快的止血法就是在趾甲伤口洒上止血粉,若没有止血粉在身边,可以用手压住狗狗的趾甲,让血缓缓止住。

剪趾甲所需工具 狗狗专用趾甲剪(大)、狗狗专用趾甲剪(小)、狗狗专用趾甲锉刀、宠物专用趾甲止血粉。

剪趾甲的正确步骤

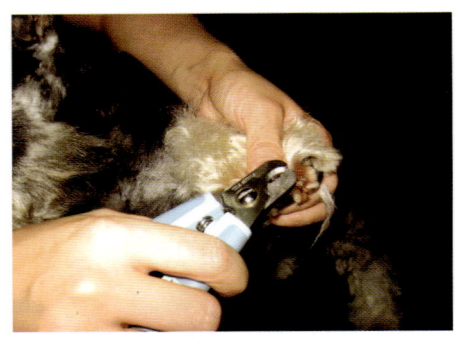

A.抓稳狗狗的脚前端,因脚晃动容易被剪到流血;

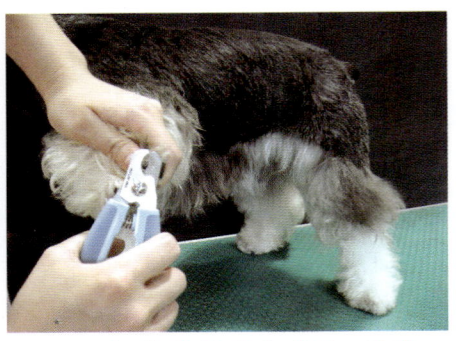

B.抓稳狗狗的脚前端,因脚晃动容易被剪到流血;

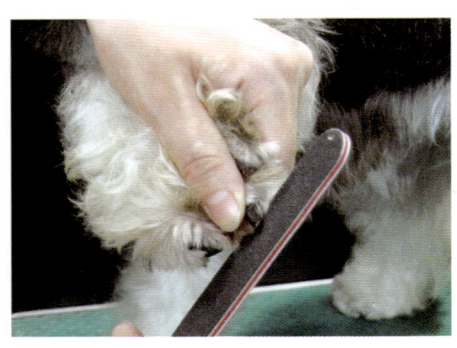

C.剪完趾甲之后,用锉刀将有棱角的趾甲磨圆润;磨完后,记得用手指摸一摸,确定不刺人即可。

清洁耳朵

如果有了异味,或是狗狗常常抓耳朵,就要注意,很可能是耳朵出了毛病了。为了狗狗耳朵的健康,定期帮它清除耳毛、清洁耳朵是不错的方法。

清除耳毛,预防耳炎 耳毛须定期拔除,每次洗完澡后,要将耳中的水分弄干,否则会滋长细菌。而过度清洗狗狗的耳朵不但不会比较干净,反而更容易刺激耳朵的皮脂分泌更多的油脂与分泌物,此时如果耳朵里面不干净又潮湿的话,就很容易滋生微细菌,导致耳朵内部发炎的状况。定期的拔耳毛,是避免它耳朵出状况的必要手段。先将狗狗耳朵里面长的毛拔掉,再用清耳液、生理食盐水洗耳朵,狗自然会将脏东西以及油脂甩掉。

所需工具:宠物专用耳粉、拔耳毛专用夹、清耳液

拔耳毛的正确步骤

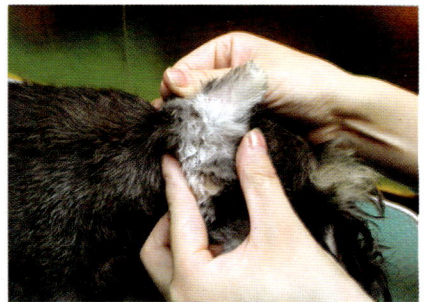

A. 将耳朵翻开，轻压耳朵让需要拔耳毛的区域更明显。

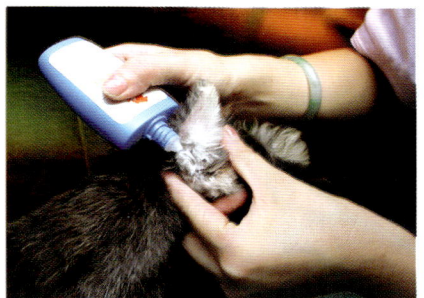

B. 在耳朵里洒耳粉，让耳毛都变得更清晰、更好拔。

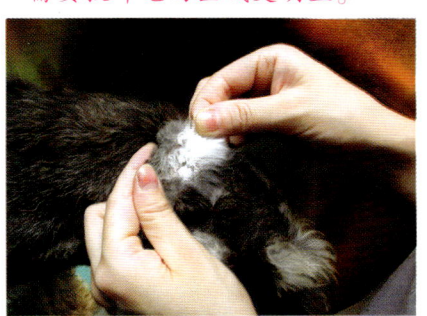

C. 外部的耳毛，先用食指与拇指做第一道拔毛手续。

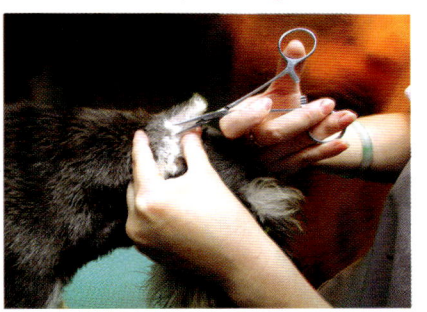

D. 将清耳夹夹住些许棉花，之后开始旋转清耳夹，让棉花能牢固在清耳夹尖端。

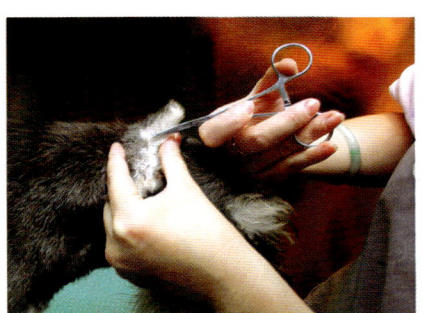

E. 将包裹着棉花的清耳夹，沾上少许的清耳液。

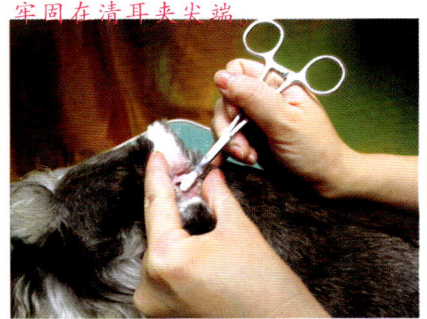

F. 改变手持清耳夹的姿势，将清耳夹放到手掌虎口处，用食指与拇指来控制。

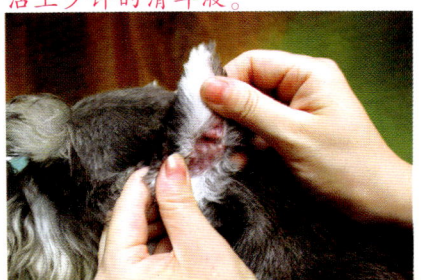

G. 轻轻地擦拭着耳道及耳朵外部。最后你便可以见到一个干净清爽，无污垢的耳朵了。

Miniature Schnauzer

正确的洗澡

洗澡所需工具:吸水毛巾、洗毛精、润丝精、针梳

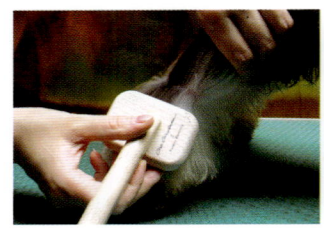

A.先梳毛,一层一层拨开梳,将狗毛上的黏着物梳掉,避免狗毛打结。

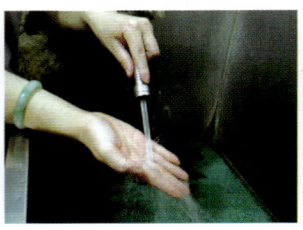

B.以手试试水温,避免温度过烫或过冷,切忌直接对着狗狗淋。

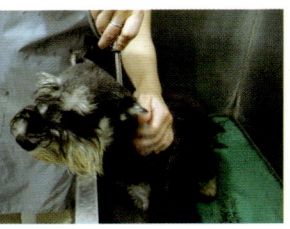

C.从狗背部移到头部,以水淋湿身体。

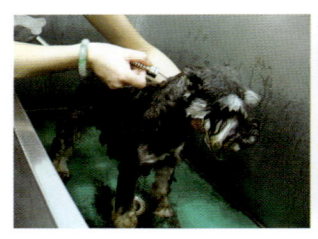

D.头部淋水时,将头部抬高,贴着头部让水慢慢流下。小心别让耳、鼻进水。

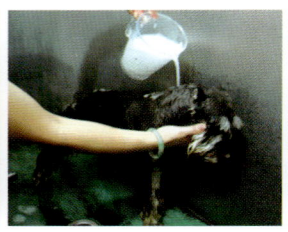

E.狗狗身体淋湿后,将洗毛精淋在狗狗头部、背部、四肢等重点部位,并加以搓揉。

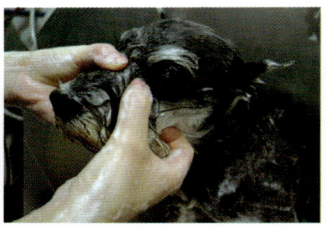

F.眼鼻:双手握住狗狗的脸部,手指可顺着毛往下搓揉,小心别让肥皂水溅入眼、鼻。

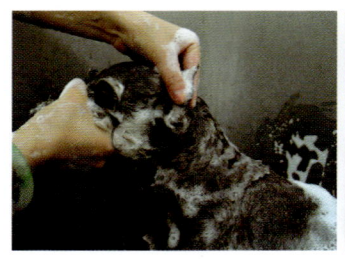

G.耳朵:以双手握住耳朵的方式,轻轻揉。

H.四肢:狗狗的脚缝、脚掌间,也要仔细揉。

I.肛门囊:以食指、拇指并用的方式,由外往内轻轻推挤。

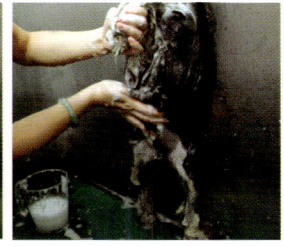
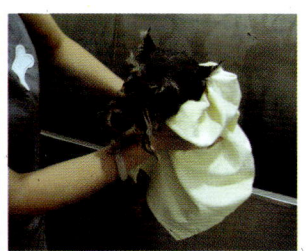

J.下腹部：用手轻揉狗平时尿尿会沾到的地方。搓揉每个部位后，便开始冲水了。

K.冲净后，淋上润丝精，让狗毛柔顺，搓揉后再度用水冲干净。

L.冲完后，用吸水毛巾将狗狗擦干。

洗澡后的吹干

吹干所需工具：吹风机、钳子、排梳、针梳、毛巾

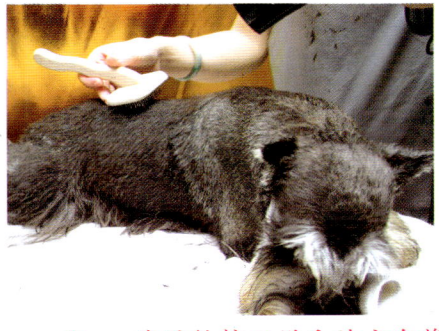

A.先用毛巾覆盖住全身湿淋淋的狗狗，避免狗狗着凉。

B.一边用针梳以逆毛的方向将背部的毛梳开，一边用吹风机吹毛。

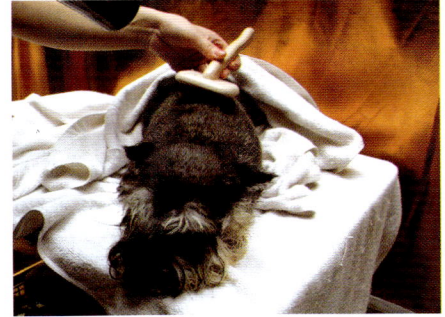
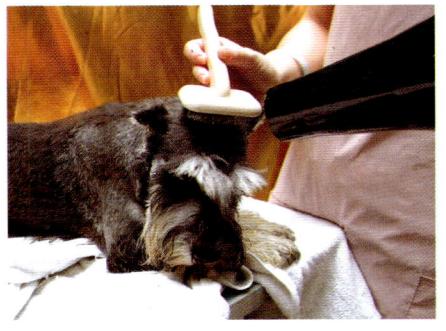

C.接下来要吹干颈部。先用一只手托住狗狗的头部，另一只手以针梳将颈部的毛梳开并吹干。

D.头部与脸部的吹毛。以排梳将眼鼻旁边的毛一层一层地梳开、吹干。

E.下巴的吹毛。此时再换上针梳,梳的方向是逆毛往上梳,一边梳毛,一边将毛吹干。

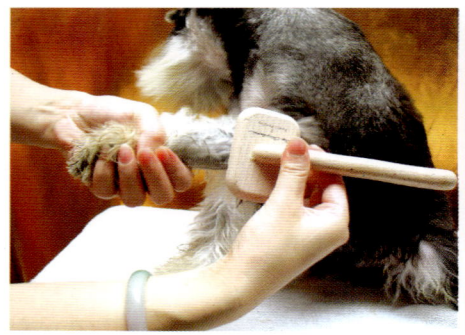

F.接着是吹脚,可以用大拇指和食指握住狗狗脚部的关节处,稍微抬起狗狗的脚,一边梳毛,一边吹干。

G.接下来吹腋下与下腹部的毛,使用针梳,一边梳毛一边吹;接着再将尾巴往上拉,另一只手以针梳梳开狗狗的毛,然后再吹。

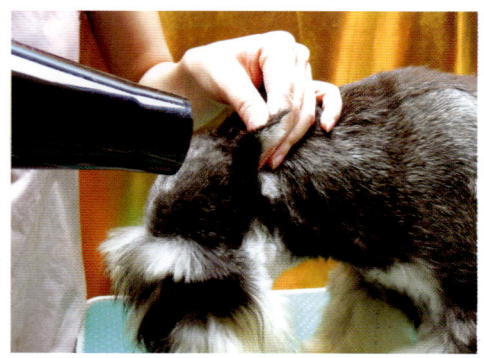

H.将手掌放在耳朵的下方,一边梳一边吹毛,耳朵的内侧也要记得吹干。最后再次检查有没有内层的毛没吹到的部分,如此一来,就完成完美吹毛的工作了。

宠物犬的修剪与美容

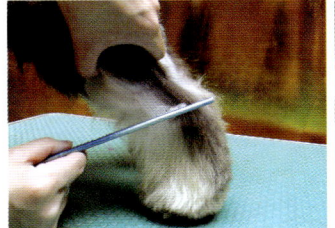
A.修剪前,把全身毛发梳顺梳通。

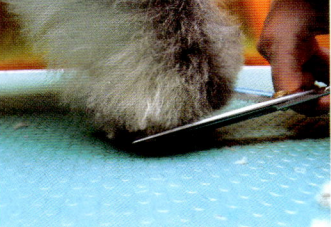
B.脚掌修剪圆。

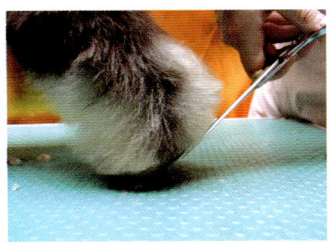
C.后脚掌修剪45°角。

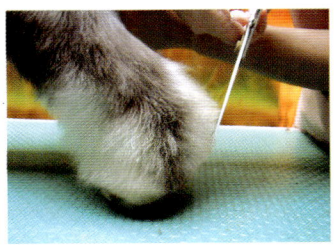
D.非关节处离地面90°修剪。

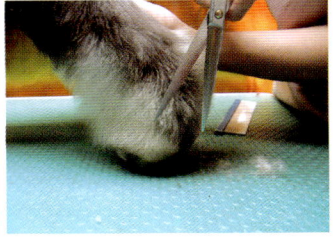
E.后脚外侧修剪。

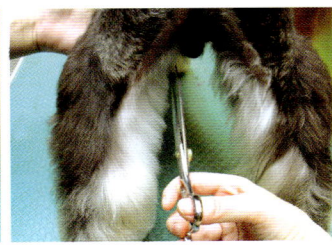
F.后腿内侧修剪成直线。

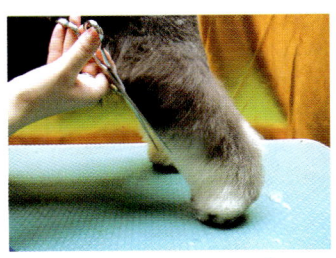
G.膝关节处修剪。

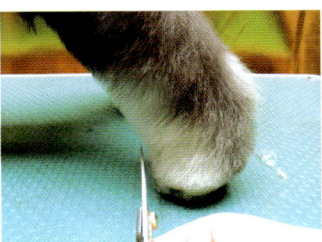
H.中足骨处修剪。

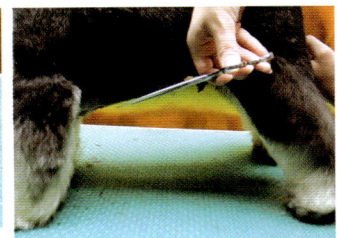
I.腹部饰毛修剪成直线。

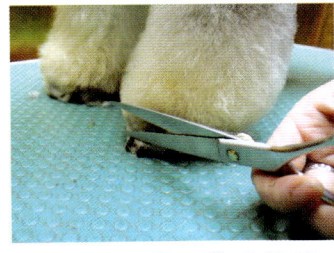
J.前趾骨处接近45°修剪。

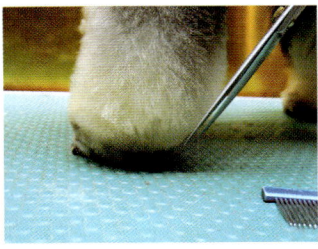
K.前脚后侧大于45°修剪。

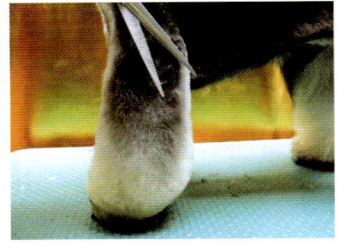
L.接顺别毛处和腿部的交接处。

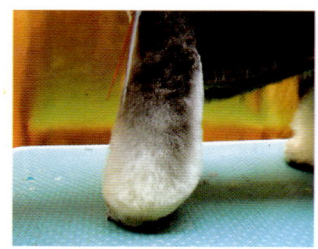 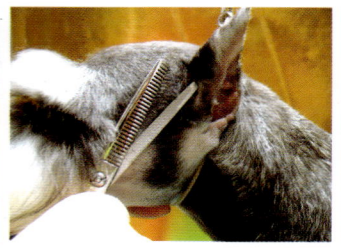 

M.前肢剪成保龄球杯状。　　N.用牙剪接顺。　　O.面部修剪,把眼角处修剪干净,两眼间成"V"型

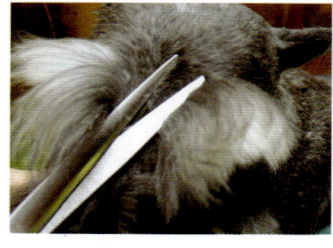 

P.眉毛间距一指宽作修剪。　　Q.修剪眉毛。

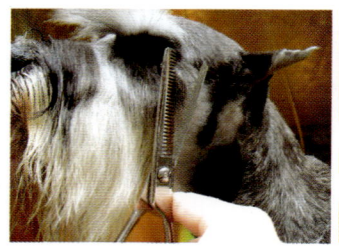  

R.外眼角处接顺。　　S.胡须修饰。　　T.美容完毕。

赛级犬的拔毛与修剪

◆拔毛

迷你雪纳瑞犬为双层被毛,外层毛硬直(也称为刚毛),内层毛柔软。迷你雪纳瑞犬平常都要通过拔毛来突出身体的轮廓。

拔毛基本上分为四个区域,每个区域的间隔时间为一周,也就是说完成一只狗的拔毛需要一个月的时间。第一区域:从脑后枕骨开始先拔出一食指宽的一道至肋骨两侧,再顺着肋骨两侧延伸到腹线位置,一直顺延到后腿部位,这些部位为,要求在两天内完成,如果有了经验一般在两个多小时内就会完成,第一区域拔毛示范图。

第一区域拔完一周后,就可以进行第二区域的拔毛工作。第二区域:一般来说是从肋骨开始往前延伸到前腿后侧5厘米处,两侧一样,下面拔到顺腹线位置,应尽可能地留的靠近腹部位置,这样刚毛长起来以后和腹线的衔接不会显得突兀,而会显得顺畅服贴。

前两区拔完后也就是从第三周开始,就可以进行第三区域的拔毛处理了。第三区域拔:是从脖子和头的连接部位顺自然向下至前腿肘部关节处。

第四区域:头部。头部的拔毛处理也很重要,眉毛要拔出形来,在两个眉毛中间的毛也可拔掉,虽然显得突兀,但长出来后会很漂亮。耳朵可拔可不拔,不拔的话就延着耳朵的根部位置把毛拔掉,耳朵可以用40号刀头处

毛根
毛尾

紧抓毛尾顺毛生长方向拔去,切记不要切断,否则新毛会变色或软化,每一区完成后请用60%酒精擦拭防止发炎。

用大拇指及食指抓住毛尾顺毛生长的方向拔,一次不要拔太多根,可视狗的耐性而增加。可以用另一只手固定拔毛区,以免疼痛,辅以耳粉以利拔毛。

第四周拔毛区正面
耳背可拔也可推

第三周拔毛区正面
下巴白毛区推剪
蝴蝶区推剪

第四周
第一周
用推剪
第三周
第二周

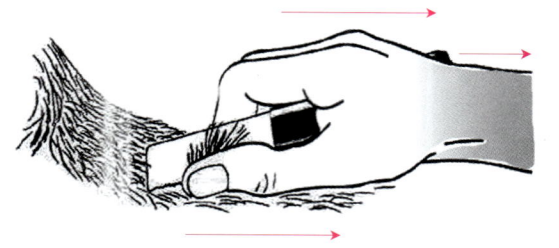

理剃掉,整个拔完后,再将前胸部位用电剪剃掉。

拔毛照着图示分区按顺序进行,但这并不是按分区顺序单独进行就可以了,因为在拔完一个区后(以一星期拔完为例),此时要拔第二个区域时第一区已经长出内层细绒毛,此时第二区依然要继续拔被毛,这时借助一些工具将第一个区域绒毛拔除,以后拔每个区域的被毛时前面几个区域的被毛都需拔除,整个拔毛过程中就是如此反复的拔细绒毛一直到四个区域全部拔除完毕。

整个狗狗身体已经拔完后就等待新刚毛的生长,但是在刚毛生长时还是会夹杂着细的绒毛生长出来,此时就要借助剥毛刀了,剥毛刀至少要买两把(一把粗齿一把细齿)。剥除细被毛,这个作用是让毛囊细孔受刺激让刚毛更粗,并且减少毛囊中其他细被毛的生长(一个狗的毛囊生长7~9根被毛),也因为毛囊的毛量少了更会显出刚毛的伏贴及狗狗的轮廓。

拔毛只是初期整容,后续的拔细毛,剥细被毛才是拔毛最重要的工序,以后等刚毛长到约2~3厘米时,就又要利用刮毛刀刮除不要的外层毛,修饰掉一些营养不好,色泽不佳的刚毛,这个最后工序需要持续进行才会让你家狗狗的刚毛看起来服贴、色泽光亮。一只让人看起来总是神采奕奕的迷你雪纳瑞犬是需要付出许多时间和精力的,因为每过6个月又要进行拔毛了。

◆ **赛前修剪**

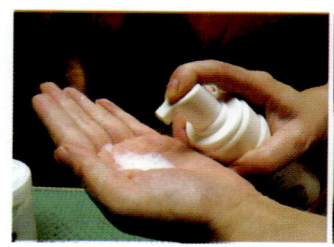
A. 专用干洗水。

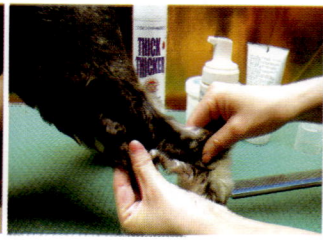
B. 均匀涂抹于毛发上,并吹干拉直。

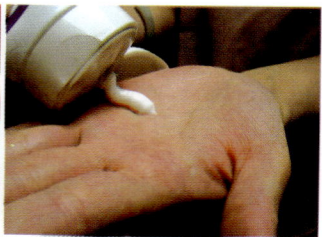
C. 粘粉胶。

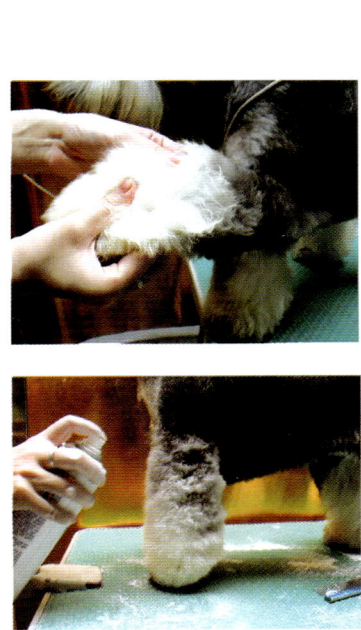

D. 均匀涂抹于毛发上。

E. 猥犬专用粉。

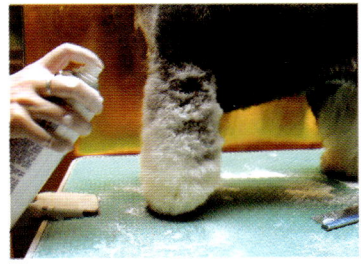

F. 一层层涂抹。

G. 喷胶定型。

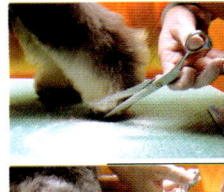

H. 后肢修剪。

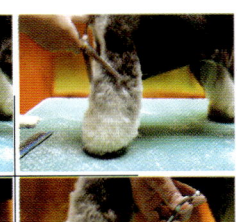
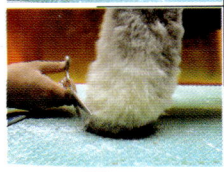

I. 前肢修剪。

J. 眉毛修剪。

K. 赛级美容完毕。

◆ 赛犬的头部造型

用3毫米刀片以顺序修剪，头部的头顶要修剪成扁平状

眉毛先梳齐后，修剪成屋檐状。从上面看，若从鼻尖2~3厘米处，呈三角形处毛发过多，可以用打薄剪修剪

头部较短的犬，可以使眉毛修得较长，这样可以维持平衡

用尖剪刀修剪耳根至耳尖。尖的耳朵要剪成圆形，圆的耳朵则要剪得尖一些

鼻尖前方2~3厘米处为起点

修剪鼻子与两腮的界线

两眉毛之间距离为7~8厘米

嘴周围的毛发，只要修剪多余的长毛即可

梳理上颌的胡须后，下颌的前1/2留得较长，后1/2是从嘴角至牙齿的方向修剪，留得很短

额头面与鼻梁面要平行。有生理缺陷的犬可以在修剪时弥补

耳尖不是很尖的犬，把耳介(耳盖)修剪成V字形，并在太阳穴上方垂下

用2毫米刀片修剪耳朵两侧。耳洞周围毛发要逆毛修剪

用打薄剪修剪头顶、耳后根、颈部的交接处

剪刀把两眼之间修剪成倒V字形

协调剪部位

用2毫米刀片逆毛修剪

不能从侧面看出嘴唇

胡须梳齐，用打薄剪打薄。若胡须少，就不用动剪刀，剪后胡须与头部呈长方形，这是雪纳瑞的标准脸型

由眼周、眼角、嘴角形成的三角形部位的毛发要留得较短

迷你雪纳瑞犬的繁殖

要繁育出血统纯正、品质优秀的迷你雪纳瑞犬,又要让母犬平安、健康,那就得掌握科学的繁殖技术。

繁殖方法

要繁殖出优秀的仔犬除了生理及技术的配合外,也需要了解一些遗传学的知识,掌握繁殖方法。在繁殖过程中,我们都希望能繁殖出优秀的仔犬。许多人有一个简单的想法,那就是去找一只获得 BOB、BIG、BIS 等赏历的优秀公狗去交配;这样也会得到一些优秀的仔犬,但如果不去注重它血统上的配合,则往往不能如愿。育种繁殖是一项长期的工程,需要许多的努力和耐心才能达成;现今从事研究改良的繁殖者,大都采用以下几种方法进行繁殖。

◆ 近亲繁殖法

指有血缘关系的父女、母子、兄妹、姊弟等直系血亲的交配繁殖。采用近亲繁殖是希望父母犬方面优秀的禀性会在子女的身上重现。通常情况下,近亲繁殖是可以的,但较好的交配法是父配女、祖父配孙女、叔伯配侄女、异母兄弟配异母姊妹等,这种形态统一且有系统的交配法所培育出来的仔犬,大多可以达到理想标准。

近亲繁殖法培育成功时会强化优点,但培育不成功时,双方缺点的强化也是双倍的。因此做近亲繁殖时,一定要确实知道双方在遗传上没有重大缺点才行。如果成功的是一只极优秀的母犬,则还可再做一次近亲交配,但此时更应该严格筛检小犬,择优汰劣,然后应改用系统繁殖,来定型已强化的优点。这样所繁殖出来的仔犬血统中含有非常多的"优性基因",可以成为很好的种犬。

◆ 系统繁殖法

系统繁殖法是指在公母犬双方 4 代或 5 代的血系中,有一只以上的相同祖先犬,而在双亲及 3 代内,并无同一只犬重复出现,这样的方式就是系统繁殖法。系统繁殖法也是一种程度较轻的近亲繁殖,它不必冒近亲配种带来的很多危险,却可获得近亲繁殖的良好效果,一般繁殖者都喜欢采用这种方式。

采用系统繁殖法时,事先应了解公母犬上5~7代的血统,我们可以从这些血统中研究出预备要配对的母犬前3代的血统基础,并把它们作为繁殖倾向的指标。在繁殖时我们依据血统,大约可以推断出公母犬的遗传倾向,而加以善用,则期望中祖先犬优秀的特质将可能在以后繁育的仔犬中重现。

◆异系繁殖法

异系繁殖法是指欲交配的公母犬双方在前5代的血统中没有一点血缘关联,找不到同一祖犬,完全引进本身所没有的新血统。如果某一系统的缺点在被强化,而在后来的改良中一直无法取得突破时,而这时又刚巧另一血统都没有这种缺点,而原来的血系又有精密的血统组合时,则可以将此血统纳入而寻求改良。

此外,还可利用部分异系繁殖方法。也就是说引进1/4的外系即公或母之中有一方带有1/2外系,所繁殖出来的仔犬血统中有3/4为原系,只有1/4为异系。此种也可达到较为理想的效果。

遗传学是一门非常精密的学问,看似无规律可循的遗传,都有着一定的内在因果关系,它是一种必然中的偶然,偶然中的必然。这就需要迷你雪纳瑞犬繁育专家们自己不断的摸索、探讨,从实践去获得经验。

迷你雪纳瑞犬的选种

想要培育出优秀的迷你雪纳瑞犬仔犬,必须选择优秀的种犬。选择种犬时要从体形、毛色、年龄、血统、健康、气质等方面作出正确的判断。

◆ **选择血统相配的种犬**

作交配用的犬必须无遗传方面的任何毛病,我们应细察其血统证明书,根查其祖宗三代。对照公母犬的血统渊源,看这两只犬是否能在优点方面得到加强,而在母犬的缺陷方面公犬是否有稳定而良好的基因表现予以弥补。若母犬的缺陷,公犬也同样存在,即使这只公犬在其他方面表现再优异,建议也不要让两犬相配,因为相配后其缺陷可能得到进一步强化。与冠军犬相配固然很好,但也不应盲目相信,你应查看其以上几代的血缘,关键看其血缘与你狗狗的血缘能否得到最佳的配合。因此,在选择种犬时要注意血统上的配合。

应根据犬只的血缘选择与之相配的种犬

种母犬的选择是非常重要的,根据遗传学与实际的经验而言,犬类在遗传上母系占着75%的优势,而父系却仅占25%,因此拥有出色的种母犬配合遗传力稳定的公犬,这才是优良仔犬辈出的不变定律,否则不论用哪种方式繁殖都会收获甚微,即使偶而碰巧繁殖出了一只较出色的仔犬,但对它所繁殖的下一代,又有多少保证呢?若是一开始便用劣犬来繁殖,则可能得花上一生的精力才能使品种稳定,因此选择好的种母犬来做基础,就可收到事半功倍的效果!

◆ 迷你雪纳瑞犬的选种秘诀

在选种的时候,应注意下列各点:
- 血统优良,但近亲繁殖不宜过密。
- 不宜配混有杂种血统的狗只。
- 必须到达性成熟年龄,最好在1.5岁以上。
- 身体健壮,无任何寄生虫病。
- 查清楚血系,无任何遗传病与缺陷。
- 已注射各种防疫针和定期防虫。
- 符合迷你雪纳瑞犬种标准。
- 骨骼正常,牙齿正常;勿缺齿,忌腰堕。
- 生殖器官发育正常,繁殖力强。

- 雌犬的发情周期要正常。
- 避免选过胖的种狗。
- 体弱、适应能力差的勿选配。

◆ **选种要预防情绪遗传病**

配种狗不仅要符合标准,同时还要心理健康,没有情绪遗传缺陷与毛病。健康的迷你雪纳瑞犬就该是聪明友好、机灵勇敢的狗狗；而有情绪遗传疾病的犬只都会与此相差很远,主要的表现是神经极为紧张,有时甚至引致细胞不正常,或者易发狂,失去自制力,而这种发狂是遗传。德国和美国的优生学家都证明：犬的情绪不稳定同样可以遗传,这是因其脑部的细胞组织与结构不健全或有缺陷所致。有情绪遗传缺陷的狗狗情绪不稳定,让其繁育出的幼犬品质差而价值低。所以,凡有情绪毛病或情绪不稳定的狗狗均不应用作配种。

发情

◆ 发情的周期

第一次发情以后,狗狗每隔6个月为一周期再度发情,一年2次,但因个体的差异,也有提前或延迟的。通常过于肥胖的母犬发情较慢,而哺乳时间较长或哺育仔犬较多的母犬,发情亦会较慢。有的母犬发情周期不规则,一年只发情一次,或者一年半以上也不见发情,通常这种情形的产生是由于母犬的卵巢内残留着排卵过后的黄体素阻碍了发情所致。这也是日后不孕症形成的主要原因之一。预防的方法是注意营养的均衡,同时请兽医协助治疗。

◆ 发情征候

当犬发情时,它的行为、生理和心理都会发生许多变化,只要准确掌握了它在发情时不同阶段的不同征候,我们就可以犬是否发情,处于何种时期,何时可以交配。

行为变化 多数母犬在发情前期前2～3天,就表现不安、易兴奋,不服从命令,饮水量增加,食欲减少,频频排尿。

发情出血 发情出血是母犬从发情前期开始阴户流出血样分泌物。观察发情出血的持续时间和出血量的变化非常重要。发情前期的初期,阴户流出的分泌物为暗红色或茶褐色血样黏液,以后逐渐变红呈水样;从发情前期的后半期到发情期的前半期,分泌物呈浅红色;发情后期,阴道分泌物为血样黏液。发情出血量,发情前期的前3天量少,中期量多,后半期多停止出血。

阴唇肿胀 发情前期到发情期,阴唇及其周围组织迅速肿胀,触诊阴唇深部很硬。进入发情期后,整个阴唇变

软,转为可交配状态。临近排卵时,阴唇肿胀程度最高,排卵后迅速消肿,之后阴唇又肿胀到接近排卵前的程度,以后逐渐消肿,恢复到正常状态。在排卵期的交配才是有效的交配。

阴道分泌物 分泌物为雌性动物生殖器官内壁脱落的细胞和蓄留于阴道内的分泌物,还包括子宫外口部的附着物和子宫颈管的黏液等。

◆ **异常发情**

无出血发情 母犬因体质及发育情形,发情时虽然阴部肿大,但并不出血,这种现象称为无血发情。有的母犬第一次发情时有出血,而第二、第三次以后就不出血了。无血发情时若能确实掌握排卵期,则受胎的情形仍相当理想。

发情微弱 母犬发育不良,营养不均衡,大病初愈后或曾经因为生产而出血过多,则发情时除不出血外,外阴部肿大的情形也不理想,这种情况视为发情微弱。通常发情微弱时,大部分母犬都不排卵,因此即使交配,多数都不会受孕。有许多发情微弱的母犬经过改善饮食,充足日晒,调和体质后于2个星期至1或2个月间会再次正常发情,此时即可正常交配生产。

假发情 有些母犬患有腔部裂伤、子宫裂伤、子宫内膜炎、膀胱炎、尿道炎、肾炎、子宫糜烂等生殖器官的疾病,或由于脑垂体和下丘脑分泌的促性腺素不足,也会有类似发情的分泌物或出血,此时很容易误解为发情,故应分辨清楚后就医治疗。

◆ **发情期的注意事项**

饲养管理 母犬在发情期间因生理的影响,情绪较不稳定,容易引起食欲不振、感冒、发烧、胃肠不适等病症,因此饲主要特别注意母犬的健康情形。此时要加强营养,多供给清洁饮水。注意犬舍犬体卫生,防止感染,最好不要给母犬洗澡。

注意观察 根据母犬行为的变化,选准交配时机,以免错过发情期,同时观察有无异常行为,若有可立即采取措施。

防止偷配 进入发情期要严加管理,公母犬要分开,运动时套上绳子,防止偷配。

交配

◆ **交配适期**

交配适期大致可分为三种形态,即发情后的第 10 天、第 12 天、第 15 天。在有出血发情的情况下,迷你雪纳瑞犬的母犬宜于发情后的第 10 天前后一天交配。至于无血发情者,得看母狗阴部的肿胀消失情形并斟酌体型的大小,按上述的日期提早 1~2 天进行交配。但由于母犬个体的差异,有的母犬交配适期略有不同,这应靠繁殖者自身的观察来具体确定。另外母犬于发情的中期(11~16 日间),阴部肿大到极点后开始要萎缩之前,可用手指

轻触其外阴附近，它会自然的把尾巴摆向一侧，阴部并发生一种一紧一松的动作。如此再配合血色及阴部状况，就可以找出最好的交配适期了。

如果还无法确定交配适期，或者碰到一只发情不正常的母犬时，你就只得请兽医做检查了。另有一种测试排卵期的方法是利用试纸测试母犬的排卵期。

◆ 交配过程

正确的交配，一般是指在适当的交配期里，公犬的阴茎完全插入母犬的阴道内。公犬的射精可分为三个阶段，第一个阶段为只有精液没有精虫（约配入后 30～50 秒间）；第二阶段为含有精虫的精液（约配入后 1～2 分钟），此阶段为交配过程中最重要的阶段；第三阶段所射出的大约都是些前列腺的分泌物而已，跟受孕没什么特别关系。至于交配后的连接，通常交配连接约持续 5～30 分钟，时间的长短对受孕的有无并没有绝对的影响，只要公犬确实有射精，那么有没有连接或连接多久对受孕都没有关系。关于交配的次数，虽然只要交配适期算得准，一次就行了，但还是应该隔一天再配一次，以防万一错过排卵期，这样可增加母犬的受孕机会。

刚交配完的公犬和母犬在精神上和身体上都会显得疲惫，尤其是交配进行得很久，或是经过长途的运送后，都会消耗更多的体力，因此配完后最好能让双方都充分的休息。并且避免洗浴，在3个星期内不要让犬处于太热的环境(例如晒太阳或处于闷热的室内)，也不宜做过于激烈的运动，应该尽量在此时期内让它保持安静，如此对受精及着床都有帮助。

怀孕

◆ 怀孕的过程及判断

交配后公犬所射出的精子通过母犬的子宫颈，在左右两边的子宫分开，至输卵管，并与在此等待排出的卵子结合。一只精虫可以让一粒卵子结合受精，受精卵会逐移至子宫内，到了第18天，受精卵便开始着床，而胎盘、浆尿膜、羊膜、羊水便于此时紧裹住受精卵，让它在子宫内安全而舒适的继续发育。至20天左右时已有1~2厘米大小，30天时已有3~4厘米，而至40天时胎儿已有5~6厘米大小了，这时已可以看到稍微隆起的腹部。这样继续快速的发育，而至60天时就要接近分娩了。自着床至分娩这短短的40天内，胎儿的发育变化是很大的。

在交配后的1个月内，只有根据母犬的情绪及外阴部的情形来猜测是否受孕。一般来说在交配后20天前后，如果受孕母犬的情绪趋于稳定，不好动、嗜睡，且食欲会因孕吐而减退，阴部的情形虽然比发情时略为收缩，但却没有回复原来的大小，仍然松弛而柔软，且分泌物增多；外阴部的周围常常脏脏的,如果有以上的情形,则受孕的可能性很大。至40天以后腹部逐渐隆起,腰围增大且体重很明显的增加,乳头挺起,乳晕桃红,腹部横向扩大,以掌轻触或用手指柔和的挤压下腹,可感知受精卵着床部位有坚硬隆起的感觉。到55天时已可感觉胎动,用听诊器也可听到胎心音,此时,妊娠已非常明显了。

◆ 怀孕犬的管理

在交配后短短的2个月里,母犬要孕育新的生命,加上分娩、哺育等,母体的负担是非常重的。因此,对妊娠犬应进行特别护理,使得母犬安全而顺利的度过妊娠期。

加强营养 在妊娠的前一个月不必改变饮食,一个月以后胎儿开始迅速发育,应特别注意丰富营养,增加蛋白质,多给肉类及肝脏类食物,米饭及淀粉类食物减少,并补充钙、磷等矿物质及必需的维生素。补充钙可促进胎儿骨骼发育。

适当运动 除了刚配完的头2个星期外,每天持续的运动是不能缺少的。为了促进母体及胎儿的血液循环,增强新陈代谢,使小狗在胎内不致生长过大,并强化母犬生产时的催生能力,每天定时的运动绝不能少。

照顾起居 交配完后2周内,除适量运动外,应尽量让母犬保持安静,尽量避免怀孕犬爬楼梯、与别的犬只打架、给它淋浴等。如体臭严重,则可于交配后21~45天时用温水轻轻的洗净,以不压到腹部为原则。在妊娠期中宜减少美容,并尽量让母犬舒适、愉快的度过妊娠期。妊娠犬的犬舍要宽大一些,防止挤压腹部,舍内要干净。整个犬舍保持干燥、温暖,通风良好。

疾病预防 妊娠期间,有的母犬于怀孕20天前后的7、8天里,会有食欲不振、恶心、呕吐等症状,这时它的食料须给予变化,以促进它的食欲,并借少量的运动来改善。如有其他疾病时,应请兽医师诊治,绝不可乱服成药,以免造成流产、死产及畸形胎儿的危险。

生产

◆产前准备

度过了2个月的妊娠期,狗狗就要生产了,这时应提前做好生产前的准备。

a.准备好产房,让它在安静、舒适、不受干扰的环境下待产。一般来说,在爱犬平时的生活空间内找一个僻静的地方,或者是利用它住惯的犬笼,在外围上木板、纸板或其他东西,在里面铺上旧浴巾、布条等就可以了。因仔犬出生后要保温,所以电灯或电热毯等也是舍内不可缺的设备。

b.准备线,绑脐带用,以白色棉线为佳,长度以打结时顺手为宜。

c.准备剪刀,剪脐带用,须以酒精棉消毒。

d.准备毛巾,小犬出生时,擦干身体用,干净即可。

e.准备旧报纸数张,于生产时垫用,并可包裹秽物。

f.准备碘酒、酒精,为消毒用。

g.准备催产素、止血药等药品,作生产时遇紧急情况临时处理时备用。

◆生产的征兆及过程

犬的妊娠期为58~63天间,故配种后我们可以依据第一次的交配日来查"生产日预见表",就可知道预定生产日,在预定生产日之前后几天,都有可能是你爱犬的生产日。

在生产日来临之前几天,应将母犬腹部及乳头周围的毛剃除,阴部周围的毛也要剪短,并将母犬整理干净,便于生产。阵痛开始前母犬会烦躁不

安，或往暗处躲，或以前肢不停的趴地等动作；有些母犬还会将吃下的食物吐出，或不吃东西，并且张口不停的喘气，这些都是生产的前兆。当然每只狗的征兆不尽相同。阵痛开始的 8~12 小时前母犬的体温会从原来的 38° 降到 37° 以下(肛温)。犬分娩的过程大致如下：

　　a.当母犬有伸背、缩腹、用力等现象时，是阵痛的开始。

　　b.阵痛频繁时，有些母犬会经破水而分娩，也有少数母犬不经破水就开始生产。随着阵痛，产道会扩张，胎儿也因子宫的抽动而从子宫颈滑至子宫体，推开子宫颈管，而把头或后肢插入骨盆内。此过程快者 3 分钟，慢者 2 小时。

　　c.胎儿的头部或后肢以横向侧卧而入骨盆腔，进入后在耻骨上方回转成俯卧姿势，此时母犬的阵痛也达于最高。被强烈收缩挤出的仔犬，在颈部通过耻骨往下前进时，我们翻开外阴部，可以看到被胎膜包围的胎头、后肢等身体部分。接着，由于更强烈的阵痛，胎儿便顺势被推出骨盆，包在胎膜内的胎儿便被分娩出来了。

　　d.胎儿到了母体外，脐带和胎盘仍然互相连接，而胎儿仍在胎膜内微动，此时善于自行处理分娩的母犬便会咬破胎膜及脐带，让新生仔犬破膜而出，并将仔犬全身的羊水舔净，此时新生仔犬会发出嘤嘤的叫声。在仔犬的叫声中，母犬一边用舌头舔动仔犬，给予慈爱关怀，一边将连接的胎盘和残余的胎膜排出。

　　e.当母犬把胎盘排出后，对新生仔犬应给予保温并隔开，待母犬将腹内仔犬全部分娩完毕，才给它拭净奶头，让仔犬吸奶。如果 2 只仔犬生产间隔超过 6 小时以上则另行处置。

◆ **生产的间隔**

怀有 2 只以上胎儿的母犬,其生产间隔都有差异,年轻体力充沛的母犬大部分较有力量,其生产间隔较短,同时阵痛的力量有较强的趋势。阵痛的出现和阵痛的强弱,有时在某种程度内会受母体本身意识的影响,有时关系到生产环境是否满意及母犬所信赖的主人是否在身旁等等因素。因此,假如母犬的分娩时间延长,则饲主可以把母犬带到户外走动,让它轻松一下并且适量的活动,可以使仔犬早点产下。至于 2 胎之间超过 6 小时以上,则可能由于母体过于疲累,或上次生产曾有大出血所引起,因此必须视情形尽快找兽医帮助。

◆ **人工助产**

产前活动　阵痛开始后,母犬因疼痛而多睡卧,懒于走动,若停滞时间过久,则会影响胎儿向产门行进,应牵出室外附近走动。这样可以缓解母犬紧张的心情,并且适量活动可促使仔犬顺利导向产门。

催生方法　母犬坐产过久,仍不能产出,或坐产无力,仔犬难以通过产道,则可以催生。催生的方法,除牵出室外运动及以手推摩母犬腹部帮助用力外,医院最常用的方法就是注射催生针。催生针的效果极佳,但催生针使用不当时,却会引起严重的不良后果。如果母犬是因骨盆扩张缓慢,在未开至适当宽度前使用催生针,仔犬非但不能产出,母犬也会因为过分用力而将子宫撑破,那太危险了,因此催生针剂的使用应请教兽医。

人工接生　有些母犬首胎生产,无生产经验,既不会撕破胞膜,也不会咬断脐带,此时还是人工接生更可靠安全。首先见到胞衣慢慢自阴部露出,随着母犬使力向外生出,在露出部分未超过 1/2 前不宜勉强拖出,待超出 1/2 后如滑出顺利也不须助力,如超出 1/2 后出生仍极慢,为节省母犬的体力及防止仔犬休克,可用纱布裹住仔犬,配合母犬向外努责时向外拉出。向外拉时,力度要适当,需注意勿用力过猛而伤了胎儿,尤其不可将胎衣及

◆ **小锦囊**

对于新生仔犬的异常情况处理,一定要量力而行。如果操作不当或者延误救治很有可能造成新生仔犬死亡。当发现情况严重,而你采取相应的急救措施也不见效时,就应立即送医院。

脐带拉断。仔犬出生后，首先自头部撕破胞衣，并速将仔犬口内黏液、羊水除净，使仔犬呼吸顺畅，然后用两手将胞衣连脐带握牢，慢慢将胎盘拉出，要小心不可拉断。胎盘出来后立即用消毒过的棉线，自仔犬肚脐1厘米处扎结，再予以剪断，断脐处需用碘酒消毒。断脐后，立即用干布将仔犬全身擦干（或以温水洗净后再擦干），并揉背部使仔犬叫出声，然后放入铺好垫布的笼内，并用电热毯或电灯保温。处理妥当后，将母犬身上稍为拭净，再换生产用的报纸，然后将胞衣、胎盘等秽物收拾干净，如此即完成一只小狗的接生工作。

帮助呼吸 仔犬出生后，一将胞衣撕破露出口鼻，仔犬便开始呼吸，强健者立即挣扎蠕动且大声啼叫，但大多数仔犬都必须待口腔内黏液除净后才能正常呼吸发声。但有些幼弱者虽然口腔已清除干净，却仍然不能呼吸，此时可见仔犬疲弱无力呈假死状，应即施以急救。急救方法为，首先以两手握住仔犬的腹腰，用手指扳开仔犬的口部，并施以按摩。再用大拇指及食指两指轻按仔犬前肢腋下心脏处，并用毛巾从颈部至背部摩擦，且轻轻按摩心脏，通常数分钟后即可见仔犬逐渐苏醒，发出嘤嘤之声，此时仔犬即已得救，可放入产箱保温。经过假死的仔犬于生后数月内要特别小心照顾，并注意其体重增加的情形，如果哺乳良好，体重稳定增加，则将会日见茁壮。

胎盘胞衣的处置 母犬生产后所排出的胎盘、胞衣若母犬喜欢吃，可以少量给予。胎盘、胞衣可助母犬恢复体力，促使乳汁分泌，并可增强初乳中的免疫力。但如吞食过多，会引起母犬消化不良及下痢等症状，故不可多给。

生产完毕的确认 以手触摸母犬腹部，若两侧均柔软无硬块，且母犬已不再有待产的情况，即已生产完毕。

产后清洁 母犬生产完毕后，下半身均为羊水污血弄脏，故宜以温水将尾部周围洗净吹干，并以酒精棉及温开水将奶头附近擦净，稍事休息后再让母犬哺育小狗。

帮助仔犬哺乳 健康的仔犬在娩出后即会吸吮母乳，若不会吸乳时，可将其嘴巴打开让其含住乳头，即会开始吮乳。分娩后的数日内要特别注意是否吸到足够的乳汁。如果仔犬有活力，体重平稳的增加，则其吸入乳汁充足。吸入充足乳汁的初生仔犬第1天体重约增加5克，第2天起每天增加10~20克。

难产及异常生产的处置

有些母犬因生殖机能不太健全，又加上管理上的偏差，就容易发生难产及异常生产。现将各种情形略述于后：

难产情形、原因及处置一览表

难产情形		原因	处置
阵痛微弱		平时缺乏锻炼，生产时用力不足，血液钙质过低或荷尔蒙不活性引起	由医师据临床症状注射阵痛促进剂
产道狭窄		骨盆狭小、阴道发育不全或狭小	请兽医行剖腹产
胎位不正	逆位	胎儿以后肢朝向产道	多为顺产，若头部被卡住，予以协助
	后头位	进入骨盆，胎头呈俯卧状，鼻朝向胸部，脖头卷曲，头部宽度增加	无法顺产，及时请兽医协助调整
	臀位	逆位生产时，后肢缩向腹位以臀朝向产道，臀部变大	应设法转位，使其顺利生产
	侧体位	误入子宫角，胎儿屈成乙形，以一只脚朝向产道	形成绝对难产，转位后试着以镊子夹出，否则进行剖腹产
胎儿过大		胎头比母犬产道大得多	差异不大，可剪开会阴取出，否则进行剖腹产
胎盘早期剥离		分娩日未到，胎盘即由子宫剥离，阴部流出墨绿色分泌物	至少一只仔犬死亡或处于死亡边缘，请兽医处置
剖腹生产		以上各种难产，用尽办法无法顺产时	只能借助剖腹生产
流产		8周前生产，母犬受撞击、缺乏黄体荷尔蒙、细菌侵入子宫	弄清原因加以预防
早产		满8周但未熟产出、胎儿过多、肚子受寒、黄体荷尔蒙不足	细心照顾早产儿
迟产		超过预产期4天	预防胎儿过大的难产

产后的管理

正常分娩的母犬管理 仔犬出生后母犬非常疲累,我们除了让它充分休息,并给它足够的营养外,还要让它觉得安全,最好不要让陌生人靠近,也不要争抱仔犬,以免母犬心里产生不安而危及小狗。母犬由于哺乳消耗较多的养分,所以除了正常的两餐外,中午要多加一餐,并尽量给予营养丰富的食物,如内脏、肉类、牛奶、鱼肉等,以增加乳汁的分泌。另外,哺乳期中钙、磷、铁的补充也非常重要,尤其哺育仔犬只数多时,更不可缺少。

剖腹生产后母犬的管理 刚刚剖腹产后的母犬麻药尚未退去,母犬精神不振、仔犬吱吱叫个不停,这时应首先准备一个保暖的窝,把母犬放进去让它休息(小狗另外保温),大约3~4个小时后,将母犬身上因生产而弄脏的

被毛及身体拭擦干净,并以温开水拭擦乳头,然后将开刀的伤口用碘酒拭擦后用透气胶带贴起来,这样可以避免小狗吸奶时爪子抓到伤口,并且可以使伤口平坦,拆线后也不易有疤痕(大约7天拆线)。这样处理过后,可以试着给母犬一些营养补充液来恢复它的体力,或者喂牛奶等易消化的食物,然后就可以把小狗交给它带了。

排乳不良的处理 母犬有时候乳房膨胀,泌乳量很多,但有时乳汁的排出量却很少。当排乳不良时,应对乳房施以按摩,以促进排乳。按摩的方法是以温热的湿毛巾贴住乳房,用手掌揉搓5~6分钟,然后握住乳房对乳头加压挤乳。此种按摩一日数回,直到乳汁排出顺畅为止。

母乳不足的处理 母乳不足时,仔犬会一直吸着乳头不放,并且嘤嘤的叫个不停,体重的增加很慢,此时宜增加人工哺乳,否则仔犬会营养不良。人工哺乳通常用市售的狗奶粉哺喂,出生7天内的仔犬以一汤匙狗奶粉加两汤匙温水调和后喂食。如仔犬因已吃过母乳而排斥狗奶粉,可酌量调加市售适合6个月以下仔犬使用的营养品,增加口感。如出生

7天以上,则可用2份狗奶粉加3份水调和后喂食。因小狗食量较小,故可将多余的奶水喂给母犬,以增加它的营养。人用奶粉容易引起胀气,不要冒险使用。

优秀迷你雪纳瑞犬鉴赏

优秀迷你雪纳瑞犬鉴赏

大瑞可犬舍 Diego's Lancer

Owner Breeder Handler By Christy Wang

2007.10	CPC雪纳瑞单独展	BISS
2007.10	宠物派雪纳瑞单独展	BISS
2007.10	中国第一届迷你雪纳瑞国家单独展	BOS
2007.10	CNKC展	BOS
2007.11	青岛展	PBIS
2007.11	武汉展	PRBIS
2008.10	中国第二届迷你雪纳瑞国家单独展	BISS

www.diegopet.com   christy.diego@hotmail.com   010-84392050   13439019868   汪洁

优秀迷你雪纳瑞犬鉴赏

成都宝仔屋宠物美容学校

图片提供:成都宝仔屋宠物美容学校
电话:(028)87486646　　邮箱:cdpet@163.com
http://www.topgroomer.com